普通高等教育“十三五”规划教材

石油化工产业链实物仿真实践系列教材

石油加工实物仿真实践指南

李会鹏　黄　玮　李　宁　王海彦　宋　阳　主编

中国石化出版社

内 容 提 要

本书是针对高等院校化学工程与工艺专业生产实习中面临的实际问题，为在所开发与建立的石油加工实物仿真实践平台上完成实习实践教学任务而编写的教材。突出工程教育特色，将虚拟仿真与真实装置有机结合，提供与生产现场一致的训练环境，以工厂化对象为背景、石油加工过程为依托、数字化高度仿真为核心、职业化规范操作为标准，以期提升学生工程能力和实践教学水平，为探索高等院校化学工程与工艺及相关专业的实习实践新模式提供借鉴和参考。

本书内容主要包括石油加工安全生产与环境保护知识、化工生产实习基础知识、实物仿真原理、实物仿真操作系统、原油蒸馏工艺和催化裂化工艺的基本原理、工艺流程、主要设备、主要工艺控制指标和实物仿真操作、石油加工主要设备等。

本书可作为高等院校化学工程与工艺及相关专业师生的教学用书，也可供石油加工行业的技术人员培训使用。

图书在版编目（CIP）数据

石油加工实物仿真实践指南／李会鹏等主编. —北京：中国石化出版社，2016.11(2020.10 重印)
ISBN 978-7-5114-4360-1

Ⅰ.①石… Ⅱ.①李… Ⅲ.①石油炼制-高等学校-教材 Ⅳ.①TE62

中国版本图书馆 CIP 数据核字(2016)第 281153 号

中国石化出版社出版发行

地址：北京市东城区安定门外大街 58 号
邮编：100011　电话：(010)57512500
发行部电话：(010)57512575
http://www.sinopec-press.com
E-mail：press@sinopec.com
北京柏力行彩印有限公司印刷
全国各地新华书店经销

*

787×1092 毫米 16 开本 10.5 印张 3 插页 175 千字
2016 年 11 月第 1 版　2020 年 10 月第 2 次印刷
定价：32.00 元

《石油化工产业链实物仿真实践系列教材》
编委会

序

实践教学是高等教育教学体系的重要组成部分，是培养学生实践能力、创新创业精神的有效途径；是进一步巩固学生对所学专业知识、掌握专业技能、基本操作程序的必要环节；是培养学生理论联系实际、综合运用所学知识解决实际问题能力的重要手段。在高等教育由精英教育向大众化教育转变的大背景下，只有不断加强实践教学，才能推动创新教育，培养创新人才，确保高等教育教学人才培养质量。

随着我国石油化工产业的快速发展，对石油化工行业人才的培养规格提出了更高的要求，毕业生不但要具有扎实的理论知识，更要具有较强的动手能力和实际操作经验，能够提前熟悉石油化工行业各岗位的工作职责。辽宁石油化工大学于2012年10月，在校企共建大学生实践教育基地研讨会上，提出了“基于石油化工全产业链的实物仿真工程实践平台”建设思路，并组织相关教学单位进行广泛调研，同时聘请石油化工企业专家，详细论证其可行性，共同拟定建设方案。选择了以油气钻采、油气集输、石油加工、石油化工、精细化工等典型生产工艺过程为基础，构建了以工程集群化技术为特征，具有系统化、模块化、工程化特色的实践教育基地。基地的每个平台既相对独立，又自成体系，并且平台间相互衔接，保证充分体现石油化工产业链的全貌。

实践教育基地以石油化工主干专业链为依托，以多学科交叉、多专业共享、多功能集成、多手段教学为特征，完整实现了石油化工产业链一体化的教学过程。解决不同专业学生实习需求。建设过程中充分体现了“虚实结合、能实不虚”的建设理念，主要静设备可展示内部结构，动设备可进行拆卸组装。实现生产过程的稳态运行、开停工、方案优化、故障处理等功能。实现了“专业链与产业链、课程内容与职业标准、教学过程与生产过程全面对接”。确保实践教育基地在学生培养中发挥其独特的作用，使实践教学逐步由实验向实训转变，虚拟向现实转变，设计向制作转变，传统向创新转变，为高等教育应用型转型提供必要支撑。

为了使学生实训和企业员工培训能够更好地了解实践教育基地各平台的功能、训练过程及具体要求，我们组织编写了《石油化工产业链实物仿真实践系列教材》，包括：《油气钻采实物仿真实践指南》《油气集输实物仿真实践指南》《石油加工实物仿真实践指南》《石油化工实物仿真实践指南》《精细化工实物仿真实践指南》《化工产品智能物流实物仿真实践指南》《化工安全实物仿真实践指南》《石油化工产业链实物仿真实践指南》。

在编写教材过程中，校企双方共同参与讨论实习项目和内容的设定，知识点、专业术语表述等。同时，为了全面介绍石油化工产业链发展的新技术、新工艺，我们成立了系列教材编委会，由编委会指导各教材编写组的工作，全面把握教材的知识面和深度。

系列教材的特点：

1. 针对性强，注重学以致用。每部教材都是以平台为依托，内容具体，主线清晰。主要介绍平台的设备或装置的内部结构、功能及原理、工艺流程及操作过程。

2. 突出石油化工安全理念。石油化工行业属于高危行业，化工安全尤为重要，在教材中注重强化了学生的安全意识培养，单独把石油化工安全知识编入教材中。

3. 按课程内容与职业标准对接组织教材结构。实践教学与理论教学在内容组织上有很大区别，编写过程中注重教材内容与职业标准的对接，以职业标准为依托，专业知识够用为度，突出技能训练。

4. 强化应用能力培养。在实践能力训练上，我们参考了石油化工行业的职业标准和行业操作规范，力求以石油化工企业现场的实际操作过程组织教学。

5. 本系列教材即可作为专业学生和非本专业学生实习实训教材，也可作为企业员工培训教材。

在本系列教材的编写过程中，得到了中国石化出版社的大力支持，在此表示感谢。

由于时间仓促，加之编者水平有限，书中难免有不妥之处，恳请读者批评指正。

丛书编委会

前　言

本书是《石油化工产业链实物仿真实践系列教材》中的《石油加工实物仿真实践指南》分册。

生产实习是化工类专业实践教学中不可或缺的重要环节。为丰富多元化生产实习模式和针对石油加工企业在接受生产实习中存在着的实际困难，以培养学生工程实践能力、动手能力和创新意识为目标，基于校企合作理念，辽宁石油化工大学与中国石油抚顺石化公司、秦皇岛博赫科技开发有限公司合作开发和建设了石油加工实物仿真实践平台。

石油加工实物仿真实践平台由实物仿真装置，交互式 DCS 在线仿真平台，三维交互式离线仿真平台，HSE(事故处理)实践平台四部分构成，包含原油蒸馏和重油催化裂化两套装置。其具有工厂化对象背景、现场化真实操作、数字化高度仿真、开放性故障设置、安全性理念体现等特点。石油加工实物仿真实践平台以中石油抚顺石化公司的工业化生产装置为原型，完整体现工业化装置的工艺流程，且装置内不走物料，无污染，维护成本低；装置在保持工业级大尺寸特征的前提下按照比例缩小，主要静设备可展示内部结构，动设备可进行拆卸组装；配备现场仪表，在线传感器和工业级 DCS 控制系统，能够实现控制室操作人员与现场装置操作人员的团队配合及协调行动。

为更好地利用和使用石油加工实物仿真实践平台，在校内讲义的基础上，编写了本实践指南。书中详细介绍了实物仿真仿真平台的功能和特点、石油加工安全生产和环境保护、典型石油加工工艺过程(原油蒸馏和重油催化裂化)的工艺流程、设备及仪表、离线和在线 DCS 仿真操作、事故处理预案等及其石油加工主要设备等相关知识。通过完整的化工安全生产、工艺流程、设备及仪表、DCS 仿真操作、事故处理等过程的实践教学环节，培养学生的工程能力、创新意识以及分析和解决复杂工程问题的能力。

本书适用于化学工程与工艺、过程装备与控制工程、自动化等化工类相关专业的实习实践，也可作为石油加工等行业人员培训使用。

全书由辽宁石油化工大学的李会鹏、黄玮、李宁、王海彦和抚顺石化公司的宋阳协作编写。本书共分为六章，其中各章分工为：李会鹏编写第三章、黄玮编写第一章、李宁编写第四、第六章、王海彦编写第二章、宋阳编写第五章。全书由李会鹏修改定稿。本书编写过程中得到了辽宁石油化工大学教务处、工程训练中心和化学化工与环境学部的老师和行业企业专家的帮助，特别是得到秦皇岛博赫科技开发有限公司李国友博士的大力支持，在此表示衷心感谢。

由于编者能力水平有限，书中的疏漏和错误在所难免，敬请相关老师和读者批评指正。

编　者

目　　录

第一章　概　　述

为满足学生学习实践需求，培养学生的工程实践能力和创新能力，提高学生综合素质，辽宁石油化工大学从 2015 年年初在工程训练中心开始建设实物仿真实践基地。首次建成石油加工模块，占地面积约为 1000m^2。石油加工模块由实物仿真装置、交互式 DCS 在线仿真平台、三维交互式离线仿真平台、HSE(事故处理)实践平台四部分构成，包含原油蒸馏和重油催化裂化两套装置。

目前建成的石油加工实物仿真模块已应用于化学工程与工艺、过程装备与控制工程、自动化、测控技术等工科专业的生产实习及本校其他专业的认识实习，按生产实习时间为一周计算，年接待量可达 3000 人次。除满足辽宁石油化工大学学生进行实习、实践外，还向省内外高校和石油加工企业开放，为实现石油加工行业人才培养和企业技术人员培训提供平台。

第一节　实物仿真工厂的功能和特点

由于原油蒸馏和催化裂化装置在石油加工中扮演着十分重要的角色，故石油加工模块以某石化企业的工业化生产装置(8Mt/a 原油原油蒸馏装置和 1.5Mt/a 重油催化裂化装置)为原型，完整体现工业化装置的工艺流程，装置内不走物料，无污染，维护成本极低，如图 1-1 所示。

图 1-1　实物仿真装置原油蒸馏现场

装置在保持工业级大尺寸特征的前提下按照比例缩小(1∶8)，主要静设备可展示内部结构(见图1-2)，动设备可进行拆卸组装，换热设备和机泵等根据工厂实际选型。

图1-2　实物仿真装置主要设备内部结构

装置配备现场仪表、在线传感器和工业级DCS控制系统，实现两个生产过程的稳态运行，开停工，方案优化，质量和收率调整，故障处理，能耗控制，并能够实现控制室(见图1-3)操作人员与现场装置操作人员的团队配合及协调行动。

特点如下：

(1) 工厂化对象背景；

(2) 现场化真实操作；

(3) 数字化高度仿真；

(4) 开放性故障设置；

(5) 安全性理念体现；

(6) 综合性实践教学。

图1-3　实物仿真装置中心控制室

第二节　实物仿真工厂的意义

由于石油加工属于高危行业，传统上相关专业的实习、实践一般采用真实工厂装置参观学习的方式或者参与小试、中试装置的运行。对于真实工厂装置，实习、实践人员基本仅限于认知层次；

对于走料的小试、中试却也难以满足各类实操的需求，这些问题包括：

（1）走料装置很难模拟复杂过程；

（2）投料成本过高，不适合大量实践人员进行训练；

（3）高温、高压对装置要求过高，容易造成危险；

（4）耗能巨大，造成装置长期停滞；

（5）装置大小限制正常工艺；

（6）产品和副产物难以处理，且尾气、废水排放造成环境问题。

石油加工平台实物仿真装置将企业的真实的原油蒸馏、催化裂化装置操作和操作员培训仿真软件进行全流程互动，将真实工厂的操作培训引入学校，建立了教、学、做、考四位一体的实践模式，实现认识实践、技能实践、生产实践、岗前模拟训练等多层次的培训目标。

第二章　石油加工安全生产与环境保护

安全生产是企业的生命线，所以接受安全教育和培训是生产实习重要的组成部分。“安全第一，预防为主”作为石油加工生产企业的员工，必须了解石油加工工艺过程的安全特点，学习了解原料及产品的物化性质，才能更好地预防和应对突发安全事故的发生。

第一节　石油加工生产实践岗位职责及操作

由于石油加工企业具有生产过程高度连续性、自动化程度高、危险性大等特点，因此在生产实习时要了解自己岗位职责，立足本职工作才能达到安全生产要求，合理应对突发状况的发生。

一、岗位安全职责

1. 组长岗位职责

(1) 参照公司《岗位安全责任制》及有关规章制度，履行班长岗位安全职责，遵章守纪。

(2) 负责本组的安全技术和安全管理工作，协助指导老师执行上级有关安全方针、政策。

(3) 负责对本组组员安全的监督，听从车间和指导教师统一指挥。

(4) 严格执行操作纪律，按时巡回检查。教育本组成员遵章守纪，无违章指挥和违章操作。

(5) 负责本组日常实习的管理工作，及时反映本组实习情况。

(6) 负责本组安全教育工作，及时反映本组实习情况。

(7) 认真执行小组安全活动制，组织过好班组安全活动，并认真做好记录。

(8) 负责督促本组人员正确使用劳动保护用品。正确使用灭火器材及防毒器材。

(9) 做好本组人员的思想工作，消除不利于安全实习的消极因素。

(10) 保持生产实习场所现场整齐、整洁实现文明实习。

（11）了解车间危险品如硫化氢的分布及原料的组成变化，严格执行防止中毒的有关规定。

（12）督促组员落实防毒的安全防范设施，防止危险品如氨气、硫化氢中毒。

2. 内操岗位安全职责

（1）严格执行公司《岗位安全责任制》以及有关规章制度，履行岗位安全职责。

（2）负责本装置的开、停工操作和正常生产操作。

（3）负责装置操作参数的监控和调整工作。

（4）生产过程中出现产品不合格时应立即通知调度。

（5）要听从班长指挥，搞好与外操岗位之间的协作，积极配合班长搞好安全生产。

（6）认真学习和严格遵守岗位安全操作规程，遵章守纪，及时制止违章作业行为。

（7）严格按照工艺指标的要求进行操作，认真填写操作记录，发现操作指标异常时，应及时向班长汇报并及时调整，确保装置平稳运行。

（8）自觉参加各种安全活动和岗位技术练兵，提高安全意识和操作水平。

（9）认真执行交班制，严格按"十交""五不接"进行交接班。

（10）了解有毒气体的分布及原料组成，防止中毒现象发生。

（11）加强隐患治理，落实整改方案或防范措施。

3. 外操作员安全职责

（1）严格执行《岗位安全责任制》和有关规章制度，履行岗位安全职责。

（2）负责本装置的正常操作和开、停工操作。

（3）在生产过程中要听从班长指挥，积极配合内操，正确地进行设备开停工操作和工艺流程改动操作。

（4）严格遵守岗位安全责任制制度，遵章守纪，严禁违章违纪现象发生。

（5）严格按照设备操作规程的要求进行操作，加强安全检查与设备的维护保养。

（6）加强对本装置各重点部位的检查，发现问题及时汇报并采取措施处理。

（7）严格按照规定穿戴劳保服装，正确使用各种劳动保护用品和消防器材。

（8）积极参加各种安全活动和岗位技术练兵，提高处理问题的能力。

（9）认真执行交班制，严格按"十交""五不接"进行交接班。

（10）认真执行巡回检查制，按时，按内容进行巡回检查。

（11）了解有毒气体的的分布，认真落实防范中毒的安全措施。

（12）了解原料及产品的组成变化，协助内操及时对操作参数的调整，加强对设备、管线的检查。

（13）加强隐患治理，落实整改方案或防范措施。

二、巡检

为了安全生产，每班组都要在规定的时间内对装置进行巡检，巡检的内容分为内操作室和生产现场。

1. 内操作室巡检

内操作室的巡检内容主要有：

（1）检查装置运行是否正常；

（2）检查内操作员是否按照工艺要求进行操作，工艺参数是否在工艺卡片范围内；

（3）检查计量、记录、交接班日志是否准确、齐全、整洁；

（4）检查 DCS 系统，ESD 系统是否灵敏、准确；

（5）检查循环机的转速、振动、位移是否正常；

（6）检查操作人员的劳动纪律情况和劳保穿戴情况是否符合规定；

（7）检查操作室卫生是否清洁，工具消防器材是否齐全。

2. 生产现场巡检

生产现场的巡检有：

（1）检查机泵电流、压力、润滑、轴承、电机温度是否正常，备用泵是否启用；

（2）检查泵的密封系统和冷却系统是否正常；

（3）检查仪表运行是否正常；

（4）检查并与内操核对各塔、罐的液面、界面和压力是否正常；

（5）检查蒸汽发生器的运行是否正常；

（6）检查空冷器运行是否正常；

（7）检查消防系统是否处于良好状态；

（8）检查采样口是否好用；

（9）检查管线、设备是否泄漏；

（10）检查环境卫生是否清洁；

（11）检查加热炉燃烧是否正常、炉膛负压、挡板及风门的开度是否正常；

（12）各安全阀、旋塞阀是否好用。

第二节 石油加工安全实践区

化工生产过程由于涉及危险化学品数量多、生产工艺要求苛刻，以及生产装置的大型化、连续化和自动化，一旦发生事故，后果将极其严重。因此，安全问题在化工生产过程中占据着非常重要的位置。

安全实践区主要由以下两部分组成：石油加工安全学训系统、石油加工安全学训区。

一、石油加工安全学训系统简介

1. 信息中心

（1）培训注册根据用户的角色显示管理员推荐的课程，由管理员指定或用户选择注册。

（2）培训矩阵根据用户角色，查询显示用户的某项培训的培训计划。

（3）考试显示用户近期将要参加的考试信息。

（4）成绩查询。查询显示用户的所有成绩。

（5）显示、修改用户的账户信息。

2. 学习资料库

用户：显示、查询、下载资料库课件。

3. 三维互动学习

主要包括防爆安全、防毒安全、防火安全、机械安全、生产停运事故、通电安全技术在内的动画演示。

4. 考试系统

考试系统包括：安全标识考试系统软件(含题库及考核软件)；安全防护考试系统软件(含题库及考核软件)；安全操作规程训练(含题库及考核软件)；安全防护考试系统软件(含题库及考核软件)安全事故处理系统演示软件。

考核平台采用开放、动态的系统架构，将传统的考试培训模式与先进的网络应用相结合，实现对学员的出卷、考试、培训的高效管理。安全教学培训及技能鉴定考核系统由前台用户考试部分和后台系统管理部分两大部分组成，用户考试部分包括考试练习模块，并拥有考试查分、历史查询、统计查分等功能。

二、石油加工安全学训区

1. 安全展示区

以安全文化展示、案例讨论和安全管理知识强化为主要教学功能。配备丰富的展板，以宣传安全生产方针、主要安全法规、企业安全文化、“5S”现场管理、HSE管理体系、ISO14000认证体系、危险化学品安全知识、职业防护知识、特种作业知识等知识性内容为主，辅以必要的安全评价技术、安全与生产等内容，通过展板塑造良好的师生互动线索和环境，提高学生的安全素养、强化安全文化知识，提高安全意识。

2. 消防实训区

本区主要针对工作中涉及的特种作业内容设置实训环节，通过现场模拟和情景再现模式强化安全操作规范与现场工作规范。主要设备包括救火器材、消防栓、手提式灭火器，推车式灭火器、消防应急灯、消防应急逃生箱，灭火器箱、感烟器、火灾报警仪、安全帽、安全带等。

3. 职业防护实训区

本区主要功能是训练学生的职业防护技能，进一步强化职业防护知识。预计设置职业防护服、防毒面具、洗眼器等实物，实现学生职业防护用具的使用技能实训，同时设置外伤包扎用具的实训设备，实现学生现场救护技能实训。

第三节　石油加工安全生产知识

一、安全检修

1. 安全检修特点

(1) 短：检修项目多、检修内容复杂、施工作业量大、任务集中。

(2) 挤：检修时间短，人员多，作业形式和作业人数经常变动，为了赶工期经常加班加点。

(3) 繁：设备种类繁多，结构和性能各异，塔上塔下、容器内、外各工种上下立体交叉作业。

(4) 难：检修中受环境和气候条件的限制，增加了装置检修复杂性，容易发生人身伤害事故。

(5) 险：由于装置设备和管道中存在着易燃、易爆和有毒物质，检修时又离不开动火、动土、进罐入塔作业，在客观上具备了发生火灾、爆炸和中毒等事故发生的因素，处理不当，就容易发生重大事故。

2. 安全检修过程中常见的事故

（1）火灾爆炸。

（2）中毒窒息。

（3）化学灼伤。

（4）物体打击。

（5）机械伤害。

（6）起重伤害。

（7）高处坠落。

（8）触电。

3. 防止检修事故的对策

（1）检修前的准备。

（2）进装置前的安全确认。

（3）检修中的管理和考核。

（4）装置进料前的确认检查。

4. 检修施工现场的“五不准”

（1）不戴安全帽不准进入现场。

（2）没有火票不准动火。

（3）不系安全带不准进行高处作业。

（4）未经检查的起重设备不准起吊。

（5）危险区没有安全护栏或无人监护不准作业。

5.“十不检修”

（1）检修要求不明确不检修。

（2）没有安全防范措施不检修。

（3）没有卸掉压力的设备不检修。

（4）没有切断电源的设备不检修。

（5）没有杜绝有害物质的设备不检修。

（6）没有放净危险物质的设备不检修。

（7）没有清除有毒物质的设备不检修。

（8）内部结构和性能不清楚的设备不检修。

（9）正在运行的机电设备不检修。

（10）没有合格的配件不检修。

6. 装置检修设备交出前的工艺处理

（1）停车。

（2）卸压。

（3）降温。

（4）抽堵盲板。

（5）置换。

（6）排放、吹扫、洗净、清铲。

7. 检修中安全用电的要求

（1）对用电作业人员的要求。

（2）对线路的要求。

（3）对照明设施的要求。

（4）使用电动机具的要求。

（5）检修电气设备的要求。

二、电气安全

1. 影响石油加工企业安全供电的因素

（1）先天因素。包括设计不合理、施工不符合要求、设备质量存在问题等客观上存在的隐患。

（2）后天因素。工作中管理混乱、检修制度执行不严；电气工作人员素质差、玩忽职守、违章作业；违章操作等。

2. 电气安全的技术措施

（1）停电。

（2）验电。

（3）装设接地电。

（4）悬挂标示牌和装设遮栏。

3. 引起电气设备过热的原因

（1）短路。

（2）过载。

（3）接触不良。

（4）铁芯发热。

4. 电气防火防爆的措施

（1）消除或减少爆炸性混合物。

（2）隔离和间距。

（3）消除引燃源。

（4）爆炸场所的接地和接零。

5. 防止触电的措施

（1）绝缘。

（2）屏护。

（3）障碍。

（4）间距。

（5）漏电保护装置。

（6）安全电压。

（7）保护接地、保护接零。

（8）不导电环境。

（9）电气隔离。

（10）等电位环境。

6. 用电安全“十不准”

（1）任何人不准玩弄电气设备和开关。

（2）非电工不准拆装、修理电气设备和用具。

（3）不准私接、乱接电气设备。

（4）不准使用绝缘损坏的电气设备。

（5）不准私用电热设备和灯泡取暖。

（6）不准擅自用水冲洗电气设备。

（7）熔丝熔断，不准调换容量不符的熔丝。

（8）不准擅自移动电气安全标志、围栏等安全措施。

（9）不准使用检修中机器的电气设备。

（10）不办手续，不准打桩、动土，以防止损坏地下电缆。

三、压力容器使用安全

1. 压力容器的分类

（1）安全泄压装置：安全阀、爆破片。

（2）截流止漏装置：截止阀、紧急切断阀、快速排泄阀等。

（3）参数监测装置：压力表、液位计、温度计。

2. 压力容器的使用

压力容器在操作时，要严格执行”岗位责任制“、”安全操作规程“，正确开、停车，按规定的操作参数进行操作。具体注意事项有以下几方面：

（1）平稳操作。

（2）防止超压、超温；加强运行期间的检查。

（3）当出现危及安全的故障时，紧急停止压力容器的运行。

3. 压力容器的紧急停止使用

（1）压力容器工作压力、介质温度或壁温超过许用值，采取措施仍不能得到有效控制。

（2）压力容器的主要受压元件发生裂缝、鼓包、变形、泄漏等危及安全的缺陷。

（3）安全附件失效。

（4）接管、紧固件损坏，难以保证安全运行。

（5）发生火灾直接威胁到压力容器安全运行。

（6）过量充装。

（7）压力容器液位失去控制，采取措施仍不能得到有效控制。

（8）压力容器与管道严重振动，危及安全运行。

4. 压力容器定期检验前应做的准备工作

（1）排除内部介质，并用盲板隔离。

（2）充装易燃、有毒或窒息性介质容器，须经置换、中和、清洗、消毒等处理，并取样分析。

（3）须切断与容器有关的电源。

（4）将容器人孔全部打开，拆除容器内件，清除内壁的污物。

（5）进容器内检查，必须有人监护。

（6）有保温层的容器，一般可不拆除，但做全面检验时应部分或全部拆除。

四、安全生产禁令

1. 生产区内十四个不准

（1）加强明火管理，厂区内不准吸烟。

（2）生产区内，不准未成年人进入。

（3）上班时间，不准睡觉、干私活、离岗和干与生产无关的事。

（4）在班前、班上不准喝酒。

（5）不准用汽油等易燃液体擦洗设备、用具和衣物。

（6）不按规定穿戴劳动保护用品，不准进入生产岗位。

（7）安全装置不齐全的设备不准使用。

（8）不是自己分管的设备、工具不准动用。

（9）检修设备时安全措施不落实，不准开始检修。

(10) 停机检修后的设备，未经彻底检查，不准启用。

(11) 未办高处作业证，不戴安全带，脚手架、跳板不牢，不准登高作业。

(12) 石棉瓦上不固定好跳板，不准作业。

(13) 未安装触电保安器的移动式电动工具，不准使用未取得安全作业证的职工，不准独立作业。

(14) 特殊工种职工未经取证，不准作业。

2. 动火作业六大禁令

(1) 动火证未经批准，禁止动火。

(2) 不与生产系统可靠隔绝，禁止动火。

(3) 不清洗或置换不合格，禁止动火。

(4) 不消除周围易燃物，禁止动火。

(5) 不按时做动火分析，禁止动火。

(6) 没有消防措施，禁止动火。

3. 进入容器、设备的八个必须

(1) 必须申请、办证，并得到批准。

(2) 必须进行安全隔绝。

(3) 必须切断动力电，并使用安全灯具。

(4) 必须进行置换、通风。

(5) 必须按时间要求进行安全分析。

(6) 必须佩戴规定的防护用具。

(7) 必须有人在器外监护，并坚守岗位。

(8) 必须有抢救后备措施。

第四节　原油蒸馏装置相关产品及副产物的安全性质

一、本装置易燃易爆物的安全性质

表2-1为原料及产品的爆炸范围、闪点和自燃点。

表2-1　原料及产品的爆炸范围、闪点和自燃点

序　号	名　称	爆炸范围/%(体积)	闪点/℃	自燃点(在空气中)/℃
1	原油	1.1~6.4	<28	(310~415)
2	初底油		>60	(200~290)

续表

序　号	名　称	爆炸范围/%(体积)	闪点/℃	自燃点(在空气中)/℃
3	常底油		>120	(260~300)
4	减底油		>200	(230~240)
5	瓦斯	3~13	<-60	(426~537)
6	汽油	1~6	<-28	(415~530)
7	柴油	1.4~7.5	(60~110)	(300~425)
8	蜡油		>120	(300~330)

二、本装置有毒物质

(1) 本装置生产过程产生的有毒气体，称自产瓦斯(或称低压瓦斯)，包括：初顶瓦斯、常顶瓦斯、减顶瓦斯。

(2) 本装置生产过程中生产出的产品汽油及其烃类等。

(3) 本装置生产过程中使用的毒物：系统瓦斯(或称高压瓦斯)。

三、本装置“尘毒点”部位

(1) 冷油泵房。

(2) 热油泵房。

四、本装置“尘毒点”的管理规定

(1) 本装置“尘毒点”中有毒物质为：瓦斯气体、汽油和其他的烃类化合物。

(2) 本装置“尘毒点”是冷油泵房、热油泵房。泵房内机泵泄漏后，可以产生瓦斯气体和汽油等烃类化合物。因此，是易燃易爆区，也是人员易中毒的地方。

(3) 结合“尘毒点”的工作环境，要特别遵守：人身安全十大禁令；防火防爆十大禁令；预防静电危害十项规定；防止中毒、窒息十项规定；液化气、瓦斯安全规定；安全技术管理规定；劳动保护管理制度等。

五、本装置“尘毒点”工作注意事项

(1) 防止机泵漏油、漏气。发生轻微泄漏，要及时切换，及时联系维修。

(2) 泵房下水畅通，不应往上返瓦斯。

（3）在有瓦斯、油气地方工作时，尽量站在上风口，并有人监护。

（4）如果瓦斯浓度较大时，必须佩带防毒面具或氧气呼吸器，并有专人监护。

（5）泵房内的瓦斯报警器、电话要灵敏好用。

（6）泵房排风机好用，并处于运行状态。

（7）泵房门窗要开关自由，门不得上锁。

（8）瓦斯中含有硫化氢，当硫化氢浓度达到10mg/L，只要吸入少量就会昏迷窒死，当闻到有臭鸡蛋味时，要迅速离开现场，报告有关人员处理。

（9）一旦有人发生瓦斯、油气中毒时，必须带好氧气呼吸器才能进入现场抢救。对抢救出来的人，应立即抬到空气流通的地方进行人工呼吸，同时联系医院来救护车及大夫抢救处理。

（10）日常生产中，要认真进行巡回检查，发现异常，立即报告车间有关人员处理。

如果泄漏严重，气味较大，除汇报车间处理外，要设警界线，防止他人误入中毒或出现其他事故。按要求佩戴氧气呼吸器及其他着装后，方可进入现场处理。在切断处理时，要维护好现场，防止他人误入。

第五节　催化裂化装置产品及相关产物的安全性质

一、装置易燃易爆物的安全性质

表2-2为装置易燃易爆物的安全性质。

表2-2　装置易燃易爆物的安全性质

序号	名称	常温状态	闪点/℃	沸点/℃	自燃点/℃	爆炸极限/%（体积）	火灾危险性类别	灭火剂种类
1	原油	液态	−20～100		380～530	1.1～8.7	甲	泡沫、干粉、灭火剂
2	汽油	液态	−50	40～200	415～530	1.3～6.0	甲	泡沫、干粉灭火剂
3	轻柴油	液态	50～90	280～365	350～380	1.5～4.5	甲	泡沫、干粉灭火剂
4	渣油	液态	200		230～270		甲	泡沫、干粉灭火剂
5	天然气	气体				5～16	甲	泡沫、干粉灭火剂
6	甲烷	气体	−188	−162	537	5～15	甲	泡沫、干粉灭火剂
7	乙烷	气体	<−50	−88.63	472	3.0～12.5	甲	泡沫、干粉灭火剂

续表

序号	名称	常温状态	闪点/℃	沸点/℃	自燃点/℃	爆炸极限/%(体积)	火灾危险性类别	灭火剂种类
8	丙烷	气体	-105	-42.5	467	2.2~9.5	甲	泡沫、干粉灭火剂
9	戊烷	气体	-40	36.1	260	1.5~7.8	甲	泡沫、干粉灭火剂
10	乙烯	气体	-135	-103	425	3.025~34	甲	泡沫、干粉灭火剂
11	丙烯	气体	-108	-47.7	497	2.0~11.1	甲	泡沫、干粉灭火剂
12	丁烯	气体				1.7~9	甲	泡沫、干粉灭火剂
13	乙炔	气体	<-50	-84	305	2.5~81	甲	泡沫、干粉灭火剂
14	一氧化碳	气体	<-50	-191	610	12.5~74.2	甲	泡沫、干粉灭火剂
15	硫化氢	气体		-60.2	260	4.3~46	甲	泡沫、干粉灭火剂
16	氨	气体		-33.5	651	15~28	甲	泡沫、干粉灭火剂

二、发生火灾的主要因素

(1) 石油及产品属于易燃品，闪点又很低，油品蒸汽与空气混合，遇到明火就会发生燃烧或爆炸。

(2) 在生产过程中需要加温，油品温度高于其自燃点，一旦发生设备、管线、阀门、法兰泄漏接触空气就会发生燃烧。

(3) 瓦斯、液态烃一旦泄漏遇到火花，就会发生燃烧，引起爆炸。

(4) 加热炉操作不当会造成炉外着火，可能引起炉外及地沟地漏内可燃气体等着火，炉管破裂漏油着火。向地沟、地漏排放轻质油或液态烃，见火花、明火就会着火和爆炸。

(5) 采样不慎也容易引起静电起火等。

三、装置主要有害物质(易燃易爆、有毒)性质及急救措施

1. 一氧化碳

一氧化碳是一种无色无味的可燃气体，毒性强烈，大多数是含碳物质燃烧不完全的产物，相对密度 0.968，一氧化碳可与人体血液中的血红蛋白结合，生成碳氧血红蛋白，影响血液的输氧功能，导致窒息中毒。

如发现中毒人员，立即移到空气新鲜的地方，松解衣服，但要注意保暖。对呼吸心跳停止者应立即行人工呼吸和胸外心脏按压，并肌肉注射呼吸兴奋剂、山梗菜硷或回苏灵等，同时给氧。昏迷者针刺人中、十宣、涌泉等穴。病人自主呼吸、心跳恢复后方可送医院。若有条件时，可做一般性后续治疗。表 2-3 为一氧化碳对人体的危害。

表 2-3　一氧化碳对人体的危害

吸入时间/h	浓度/(mg/m^3)	碳氧血红蛋白	人体反应
2.5	510.5	7	轻度头痛
2	117	12	中度头痛
2	292.5	25	严重头痛
1.5	582.5	45	恶心呕吐
1	1170	60	昏迷
5min	11700	90	死亡

2. 氨

氨是一种有强烈特殊臭味的气体，有毒、能燃烧和爆炸，易溶于水，相对密度为0.597。氨液飞溅到皮肤上会造成冻伤。当上述情况发生，应立即就近用清水冲洗后送医院治疗，如抢救不及时会有生命危险。表2-4为氨对人体的危害。

表 2-4　氨对人体的危害

吸入时间/min	浓度/(mg/m^3)	人体反应
接触	0.7	感到气味
45	62.7	鼻眼有刺激感
30	140	眼和上呼吸道不适、头痛
20	175~350	呼吸和脉搏加快
接触	700	咳嗽
30	1750~4500	危及生命
接触	3500~7000	即刻死亡

3. 硫化氢

硫化氢是无色具有臭鸡蛋味的气体，相对密度1.19，易溶于水，在空间易聚积，不易飘散，化学性质活泼，有毒能燃烧和爆炸。空气中硫化氢含量达到0.035mg/m^3，即可闻到，臭鸡蛋气味与其浓度成正比。当浓度超过10mg/m^3，臭味反而减弱，甚至不易察觉，往往会出现“闪电式”中毒死亡。

如出现中毒症状，应立即将中毒者移至通风处，并进行人工呼吸或送医院救治。在医生未到之前，不要放弃救治。急性中毒时，应立即将中毒者移到空气新鲜处，严密观察呼吸功能，窒息者立即实施人工呼吸(禁止口对口人工呼吸)及吸氧，在病情没改善前人工呼吸不可轻易放弃。表2-5为H_2S对人体的危害。

表 2-5 H_2S 对人体的危害

等级	接触时间	浓度/(mg/m^3)	人体反应
轻度	接触	0.035	嗅觉可闻
	接触	30~40	臭味强烈
	1~2h	70~150	眼及呼吸出现症状，吸入 2~15min 即发生嗅觉疲劳，不再嗅到气味
中度	1h	300	出现呼吸道刺激症状，能引起神经抑制，长期接触，可引起肺水肿
重度	15~60min	760	可引起生命危险，发生肺水肿、支气管炎、肺炎、头痛、头晕、激动、呕吐、恶心、咳嗽、喉痛及排尿困难等全身症状
	接触时间	1000	很快引起急性中毒，出现明显全身症状，呼吸加快，很快因呼吸麻痹而死亡
	接触	1400	嗅觉立即疲劳，失去知觉，昏迷死亡

4. 汽油及瓦斯

汽油为无色液体，易挥发、燃烧，具有特殊气味。主要组成是 C_5 ~ C_{10} 烷烃、环烷烃、芳烃、烯烃等。相对密度 0.7~0.794，其蒸汽相对密度 3.0~3.5。不溶于水。汽油为麻醉性毒物，急性吸入后，大部分可由呼吸道排出，小部分在肝脏被氧化，与葡萄糖酸结合可经肾脏排出，使中枢神经系统机能紊乱、头痛、失眠。汽油对脂肪代谢有特殊影响作用，引起神经细胞内类脂平衡失调、血中脂肪含量波动、胆固醇和磷脂的改变。汽油的毒性，随着其中碳原子数量增加，毒性增大。表 2-6 为汽油对人体的危害。

表 2-6 汽油对人体的危害

接触时间	浓度/(mg/m^3)	人体反应
7h	0.6~1.6	部分头痛，咽喉不适，咳嗽及结膜刺激症状等
1h	3.3~3.9	除上述症状外，偶有步态不稳
1h	9.45~11.5	明显的黏膜刺激，兴奋
0.5~1h	10~20	出现急性中毒症状，显著眩晕
0.5~1h	25~30	昏迷，有生命危险
2s	38~49	咳嗽
20s		眼、喉有刺激症状
4~5min		显著眩晕，恶心，呕吐，头痛
5~6min		有生命危险
0.5~1h		可引起死亡

5. 催化剂粉尘

装置使用的助燃剂、催化剂由于颗粒很小(5~120μm)，很容易随着人们的呼吸进入肺部，因此进入设备、清扫、装助燃剂时必须配戴好防尘罩等劳保用品。

6. 碱

氢氧化钠是一种白色固体，极易溶解于水，溶解时放出大量的热量。它的水溶液有涩味和滑腻感，暴露在空气里的氢氧化钠容易吸水潮解。因此氢氧化钠可用作某些气体的干燥剂，由于氢氧化钠有强烈的腐蚀性，因此也叫苛性钠、火碱或烧碱。被碱液轻度烧伤，立即用手套、棉纱或工作服将碱擦干净，迅速用水冲洗。严重烧伤，立即将烧伤劳动保护品脱除，用干净棉纱或工作服将碱擦净迅速用水冲洗，并送医院急救。

7. 蒸汽

装置内有 3.5MPa 和 1.0MPa 两种蒸汽，用于防火、灭火、扫线、防冻吹扫、加热设备等，可能因操作不当造成蒸汽烫伤。发生蒸汽烫伤后，轻微面积小的立即用冷水冲洗，重度、面积大的立即送医院急救，千万不能用布擦和用衣服包扎。

8. 液化气

液化气无色透明，具有烃类的特殊味道，在常温常压下为气态。在气态下密度比空气重 2 倍左右，容易在地面及低洼处积聚。液化气的饱和蒸气压随温度升高而急剧增加，其膨胀系数也较大，一般为水的 10 倍以上，气化后体积膨胀 250~300 倍左右。液化气的闪点、沸点都低，都在 0℃以下，它的爆炸范围较宽一般在 1.5~12%(体积)。

在进行液化气操作时注意：一是穿着防静电服装，二是用铜制搬手开关阀门，以免发生打火引爆，三是注意液化气喷出以免造成冻伤，四是防止液化气中毒。发生中毒后，轻微的应立即离开气体区域，在新鲜空气处休息，中度中毒失去活动能力的，立即将中毒者脱离现场到新鲜空气处，并立即送医院急救。严重中毒停止呼吸的，脱离现场后进行人工呼吸并送医院急救。

9. 中、低压脱氧水

中、低压脱氧水在本装置是供汽包产汽用水，它温度高、压力大，在进行操作时很容易造成烫伤操作。中低压脱氧水操作时一定注意慢开、慢放。如发生烫伤后不要包扎立即到医院处理。

四、装置污染物主要排放部位和排放的主要污染物

(1) 废气排放见表2-7。

表2-7　废气排放说明

污染源名称(排放部位)	排放量/(m^3/h)	去　向
酸性气	410	酸厂
闪蒸气	50	大气

(2)废水排放见表2-8。

表2-8　废水排放说明

污染源名称(排放部位)	排放量/(t/h)	去　向
稳定塔顶回流罐	15	污水场
分馏塔顶油气分离器	40	污水场
气压机出口油气分离器	11	污水场

(3)废渣排放见表2-9。

表2-9　废渣排放说明

污染源名称	排放量/(t/a)	主要污染物成分	去　向
废催化剂	1500	粉尘	由厂生产运行处、环保主管部门指导及负责外运
废碱	3.0	碱	

第三章　原油蒸馏部分

第一节　原油蒸馏装置概况

原油蒸馏实物仿真装置以抚顺石化公司 8Mt/a 原油蒸馏装置为原型，按1∶8比例缩小建设而成。本实物仿真装置与真实装置一样主要分为换热部分、电脱盐部分、初馏部分、常压部分、减压部分及真空部分等工艺过程。常压部分按生产航煤方案考虑，减压部分根据大庆原油含蜡量高的特点和抚顺石化公司二次加工装置的现状，按生产多品种的石蜡和润滑油原料、加氢原料、催化及焦化原料考虑。

主要产品(中间产品)为：轻石脑油、重石脑油、喷气燃料、柴油、减压蜡油和减压渣油。

第二节　原油蒸馏工艺流程

一、原油及初底油换热流程

1. 换热流程的第一部分：将从罐区来的40℃原油加热到进电脱盐温度135℃

从罐区来的 40℃原油经 P2101(原油泵)升压后分为四路：第一路依次经 E2101(原油-初顶油气换热器)、E2103[原油-减一线及一中(Ⅰ)换热器]和 E2104[原油-常二线(Ⅲ)换热器]与热源换热；第二路原油依次经 E2102A[原油-常顶油气换热器]、E2106[原油-减四线(Ⅲ)换热器]和 E2108[原油-减压渣油(Ⅷ)换热器]与热源换热；第三路原油依次经 E2109[原油-常一线(Ⅱ)换热器]、E2110[原油-减三线(Ⅱ)换热器]和 E2111[原油-常三线(Ⅱ)换热器]与热源换热；第四路原油依次经 E2112[原油-减一线及一中(Ⅱ)换热器]、E2113[原油-减二线(Ⅱ)换热器]和 E2114[原油-减压渣油(Ⅶ)换热器]与热源换热。上述四路原油合并后 135℃进入电脱盐罐。换热后的原油在进入电脱盐 V2101(原油电脱盐罐)之前，注入脱盐水。

2. 换热流程的第二部分：将脱后原油加热到222℃后进入T2101(初馏塔)

脱后原油分为四路：第一路原油依次经E2115[原油-常一中(Ⅲ)换热器]、E2117[原油-减二中(Ⅱ)换热器]和E2118[原油-减四线(Ⅰ)换热器]与热源换热；第二路原油依次经E2119[原油-减四线(Ⅱ)换热器]、E2121[原油-减二中(Ⅰ)换热器]和E2122[原油-常三线(Ⅰ)换热器]与热源换热；第三路原油依次经E2123[原油-常一中(Ⅰ)换热器]、E2124[原油-减三线(Ⅰ)换热器]和E2125[原油-减六线(Ⅱ)换热器]与热源换热；第四路原油依次经E2127[原油-常一线(Ⅰ)换热器]、E2128[原油-减五线(Ⅱ)换热器]和E2129[原油-常二线(Ⅰ)换热器]与热源换热。上述四路原油合并后222℃进入T2101(初馏塔)。

3. 换热流程的第三部分：初底油换热后进入F2101(常压炉)

底油经P2103(初底油泵)抽出后分为两路：第一路初底油依次经E2131[初底油-常二中(Ⅱ)换热器]、E2132[初底油-减五线(Ⅰ)换热器]和E2133[初底油-减三中(Ⅰ)换热器]与热源换热；第二路初底油依次经E2135[初底油-减三中(Ⅱ)换热器]、E2136[初底油-减六线(Ⅰ)换热器]和E2137[初底油-常二中(Ⅰ)换热器]与热源换热。上述两路初底油换热后混合308℃后进入F2101，经F2101进一步加热到炉出口温度368℃后进入T2102(常压塔)。

图3-1为原油蒸馏换热部分工艺流程图。

二、初馏塔部分流程

T2101(初馏塔)顶油气经E2101和EA2101(初顶油气空冷器)冷凝冷却到40℃进入V2102(初馏塔顶回流罐)进行油、气、水分离。

初顶油经P2102(初顶油泵)抽出后分为两部分：一部分返回塔顶作为回流；另一部分送入石脑油分离部分。初顶不凝气送至常压炉作为燃料。含硫污水送至V2106(塔顶注水罐)。

初底油经泵P2103(初底油泵)抽出换热后至F2101(常压炉)。

图3-2为原油蒸馏初馏部分工艺流程图。

三、常压塔部分流程

T2102(常压塔)塔顶油气经E2102A(原油-常顶油气换热器)与原油换热后经EA2102(常顶油气空冷器)冷凝冷却后进入V2103(常压塔顶回流罐)进行气液分离。常顶油经P2104(常顶油泵)抽出后分为两部分：一部分作为回流返回常压塔顶；另一部分送至石脑油分离部分。含硫污水送至V2106(塔顶注水罐)。常顶不凝气送至常压炉作为燃料。

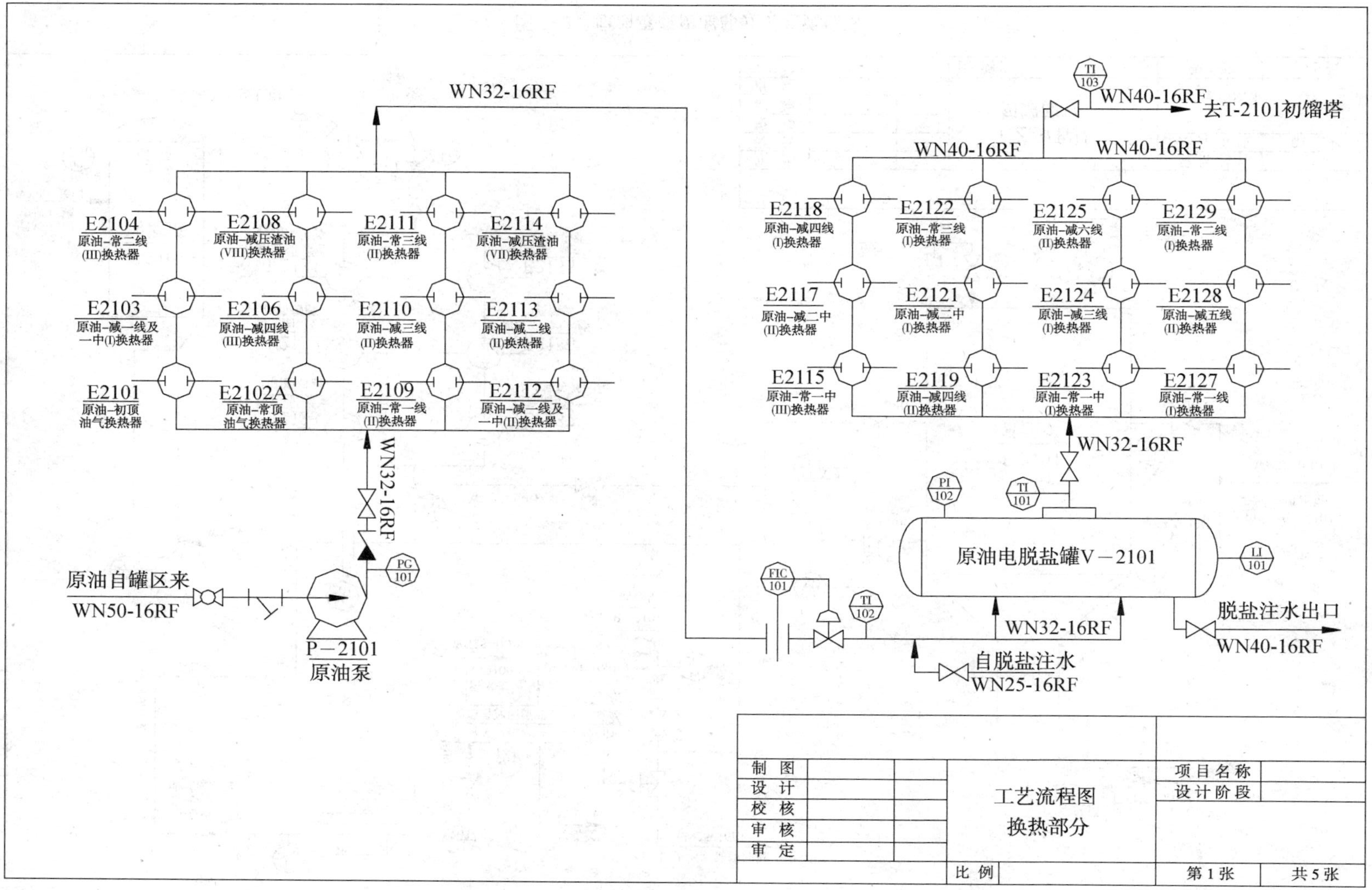

图 3-1　原油蒸馏换热部分工艺流程图

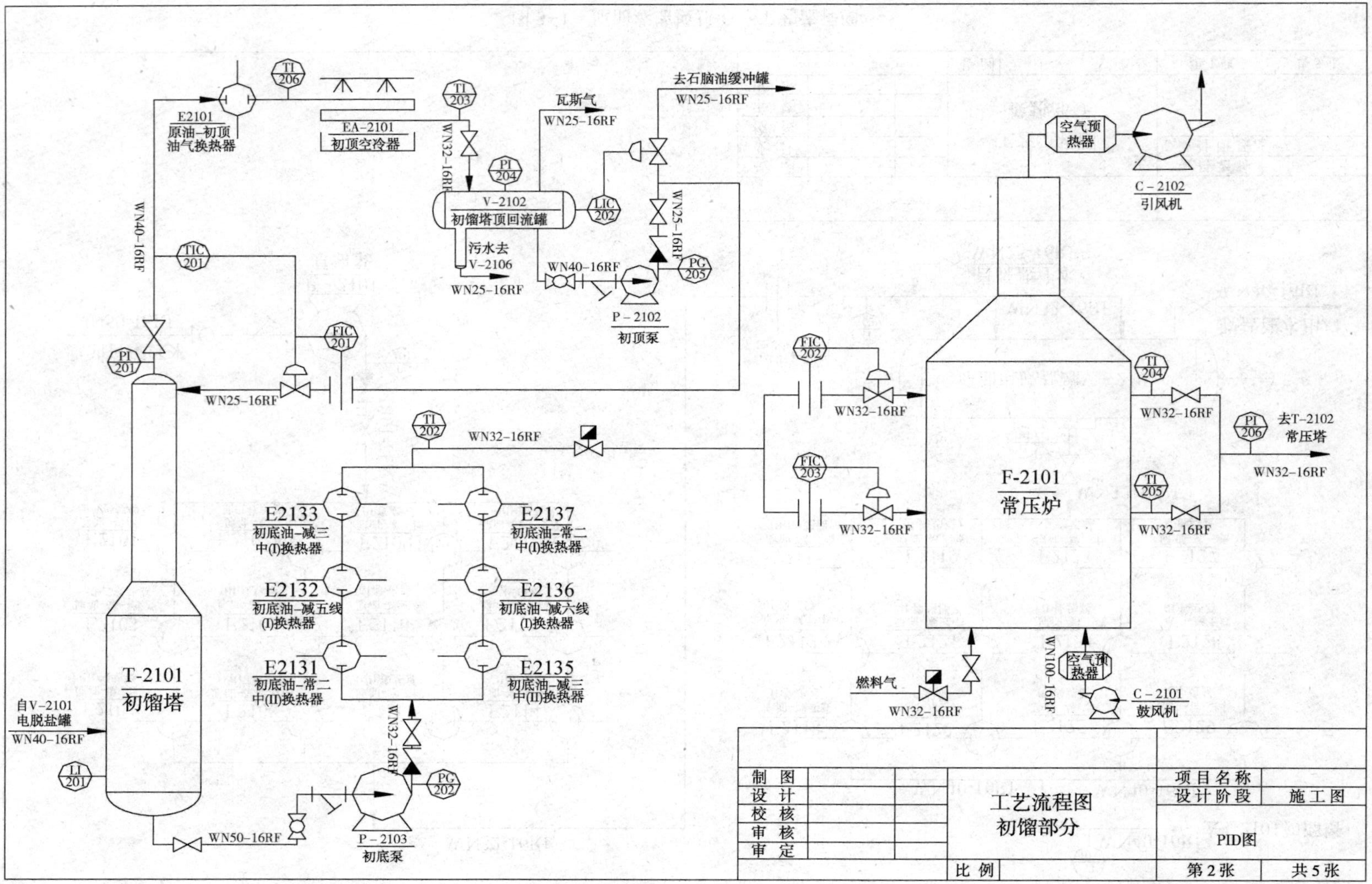

图 3–2　原油蒸馏初馏部分工艺流程图

常一线油自 T2102(常压塔)第 22 层塔板自流进入 T2103(常压汽提塔)上段，采用常二中油作为重沸器热源，汽提后的常一线油由 P2106(常一线油泵)抽出，经 E2127[原油-常一线(Ⅰ)换热器]和 E2109[原油-常一线(Ⅱ)换热器]换热后作为航煤出装置。常二线油从 T2102(常压塔)第 38 层塔板自流进入 T2103(常压汽提塔)中段，用蒸汽进行汽提，汽提后的常二线油由 P2108（常二线油泵)抽出，经 E2129[原油-常二线(Ⅰ)换热器]和 E2104[原油-常二线(Ⅲ)换热器]换热后出装置。常三线油从 T2102(常压塔)第 48 层塔板自流进入 T2103(常压汽提塔)下段，用蒸汽进行汽提，汽提后的常三线油由 P2110(常三线油泵)抽出，经 E2122[原油-常三线(Ⅰ)换热器]和 E2111[原油-常三线(Ⅱ)换热器]换热后作为加氢原料出装置。

常一中油由 P2107(常一中油泵)自 T2102(常压汽提塔)第 27 层塔盘抽出，经 E2123[原油-常一中(Ⅰ)换热器]和 E2115[原油-常一中(Ⅲ)换热器]与冷源换热后返回第 23 层塔盘上。常二中油由 P2109(常二中油泵)自 T2102(常压塔)第 43 层塔盘抽出，经 E2137[初底油-常二中(Ⅰ)换热器]、E2131[初底油-常二中(Ⅱ)换热器]和 E2140(常一线重沸器)与冷源换热后返回第 39 层塔盘上。

常压渣油经蒸汽汽提后由 P2111(常压渣油泵)抽出，送入 F2102(减压炉)。

图 3-3 为原油蒸馏常压部分工艺流程图。

四、减压部分流程

1. 减压炉

常压渣油经常压渣油泵 P2111 升压后，经 F2102(减压炉)加热后至 T2104(减压塔)。减压炉出口温度 398℃(设计值)。

2. 减压塔

减一线及减一中油由 P2113(减一线及一中油泵)抽出，一部分直接返至塔下一段作为回流，另一部分经 E2103[原油-减一线及一中(Ⅰ)换热器]和 E2112[原油-减一线及一中(Ⅱ)换热器]和换热冷却至 50℃后分两路：一路作为减一中返回 T2104(减压塔)顶部；另一路送出装置。

减二线油由 T2104(减压塔)自流进入 T2105(减压汽提塔)第 1 段，蒸汽汽提后由 P2114(减二线油泵)抽出，经 E2143[减二线蒸汽发生器]和 E2113[原油-减二线(Ⅱ)换热器]换热后出装置。

减二中油由 P2115(减二中油泵)抽出，经 E2121[原油-减二中(Ⅰ)换热器]和 E2117 [原油-减二中(Ⅱ)换热器]换热后返回 T2104(减压塔)。

减三线油由 T2104(减压塔)自流进入 T2105(减压汽提塔)第 2 段，蒸汽汽

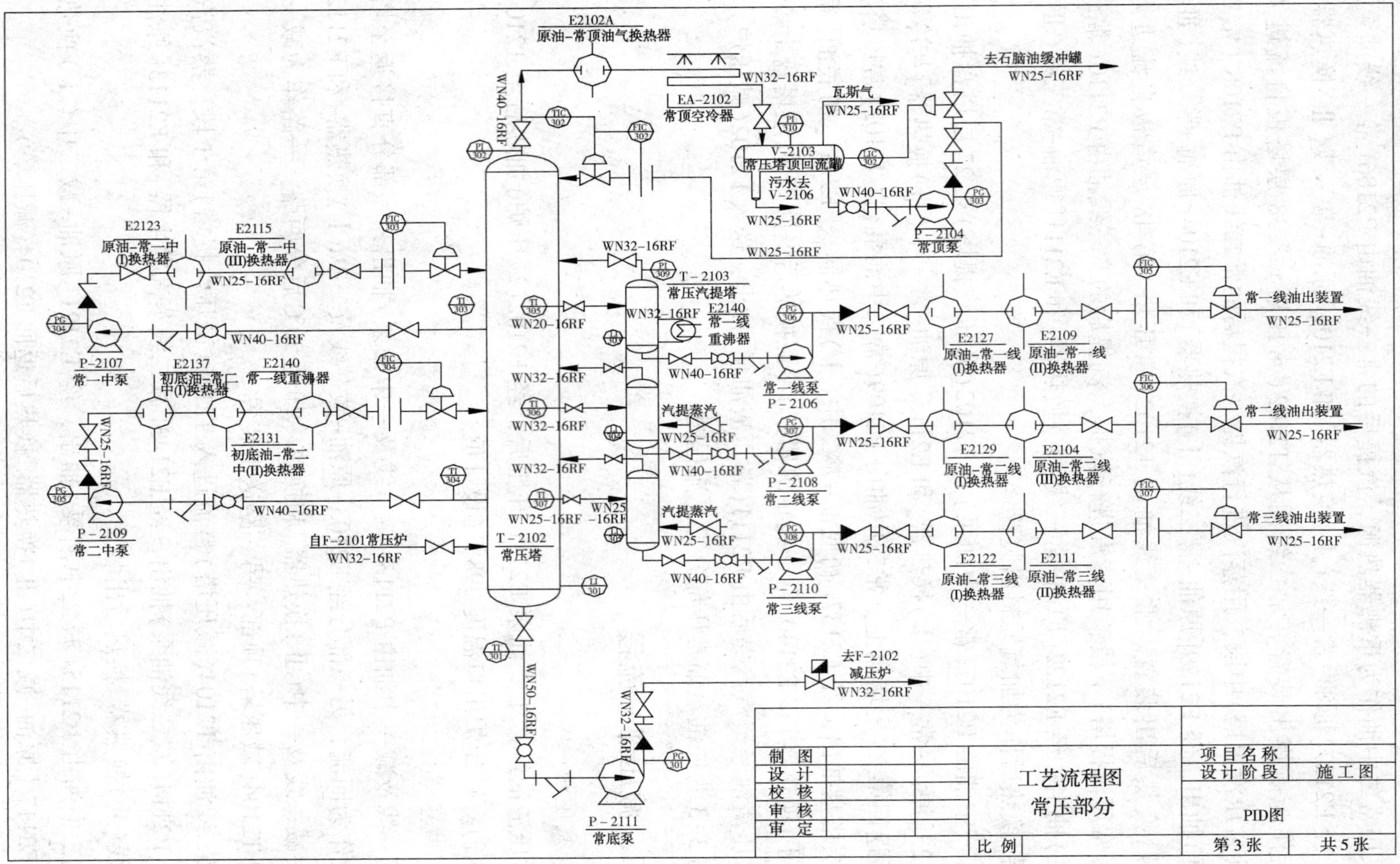

图 3-3 原油蒸馏常压部分工艺流程图

提后由 P2116(减三线油泵)抽出，经 E2124[原油-减三线(Ⅰ)换热器]和 E2110[原油-减三线(Ⅱ)换热器]换热后出装置。

减四线油由 T2104(减压塔)自流进入 T2105(减压汽提塔)第 3 段，蒸汽汽提后由 P2117(减四线油泵)抽出，经 E2118[原油-减四线(Ⅰ)换热器]、E2119[原油-减四线(Ⅱ)换热器]和 E2106[原油-减四线(Ⅲ)换热器]换热后出装置。

减三中油由 P2118(减三中油泵)抽出，经 E2133[初底油-减三中(Ⅰ)换热器]和 E2135[初底油-减三中(Ⅱ)换热器]换热后返回 T2104(减压塔)。

减五线油由 T2104(减压塔)自流进入 T2105(减压汽提塔)第 4 段，蒸汽汽提后由 P2119(减五线油泵)抽出，经 E2132[初底油-减五线(Ⅰ)换热器]和 E2128[原油-减五线(Ⅱ)换热器]换热后出装置。

减六线油由 P2120(减六线油泵)抽出，经 E2136[初底油-减六线(Ⅰ)换热器]和 E2125[原油-减六线(Ⅱ)换热器]换热后出装置。

净洗油由 P2121(净洗油泵)抽出后返回 T2104。

图 3-4 为原油蒸馏减压部分工艺流程图。

五、减压真空系统流程

塔顶真空系统的配置按 2 级蒸汽抽空器+液环泵进行配置。其中，1 级和 2 级蒸汽抽空器分别各按 65%和 35%的能力分配，液环泵的能力为 100%。

来自 T2104 的塔顶气体至 EJ2101(减顶增压器)，减压塔顶压力为 3. 325kPa[25mmHg(a)]。EJ2101 出口气体至冷凝器 E2150(减顶冷凝器)冷凝后，气体至 EJ2102(减顶一级抽空器)，EJ2102 出口气体至冷凝器 E2151(减顶一级冷凝器)冷凝后，气体送到 P2131(液环式真空泵)，P2131(液环式真空泵)前配有 V2150(真空缓冲罐)。来自 P2131(液环式真空泵)的气、油、水的混合物在 V2124(减顶液封分离罐)中分离。

来自 V2124(减顶液封分离罐)的气体通过大气腿分液后至减压炉作为燃料使用。

来自两级蒸汽抽空器的液体靠重力流到 V2104(减压塔顶油水分离罐)中，进行酸性水和污油分离。酸性水由泵 P2124(减顶水泵)送出装置。V2124(减顶液封分离罐)的水和冷凝油经 P2131(减顶二级油泵)通过液位控制流回到 V-2104 中。来自 V2104 的减顶油经泵 P2112(减顶一级油泵)抽出送出装置。

来自 V2124(减顶液封分离罐)的水经冷却后循环回液环式真空泵 P2131A/B。

图 3-5 为原油蒸馏真空部分工艺流程图。

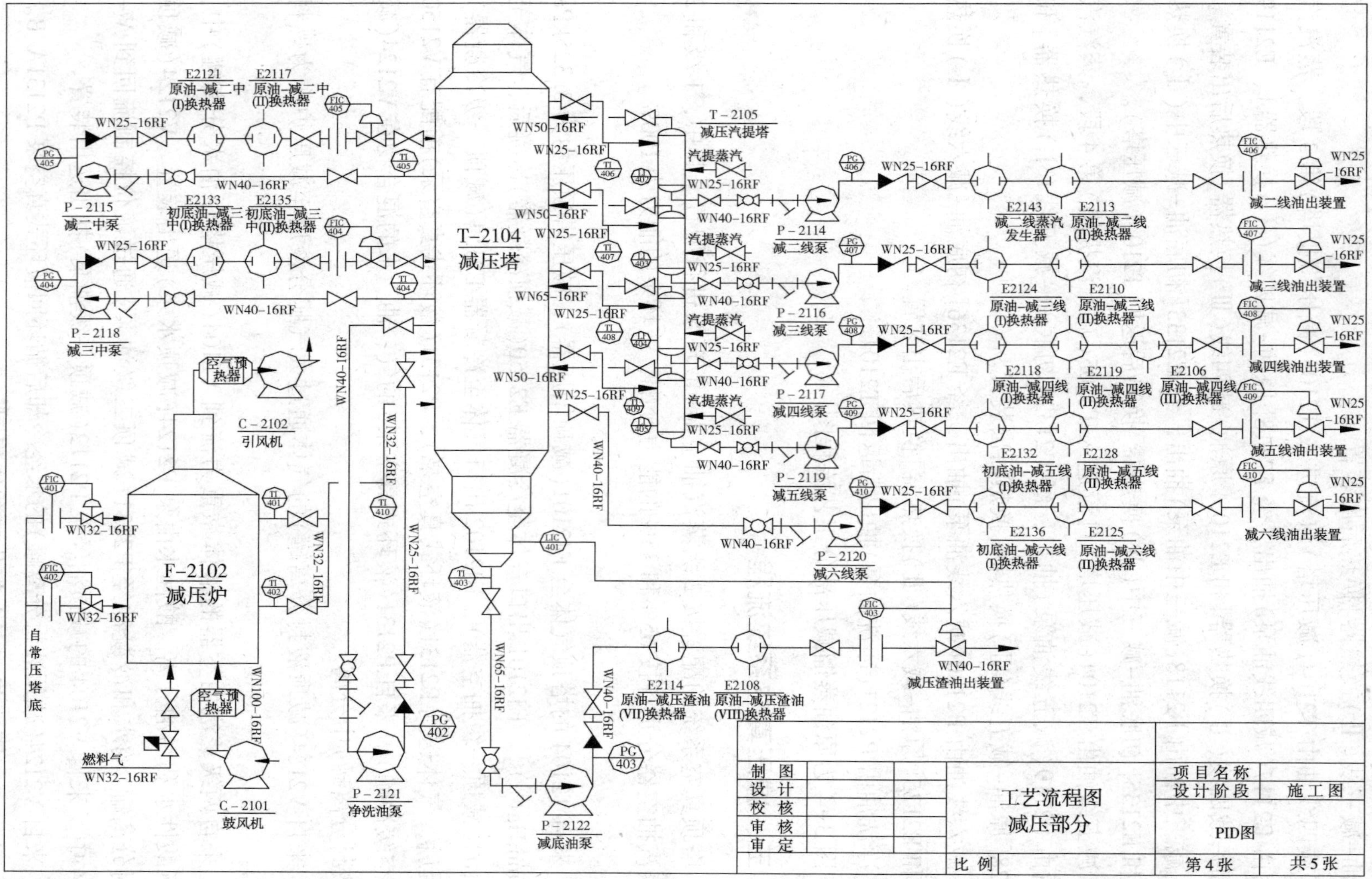

图3-4　原油蒸馏减压部分工艺流程图

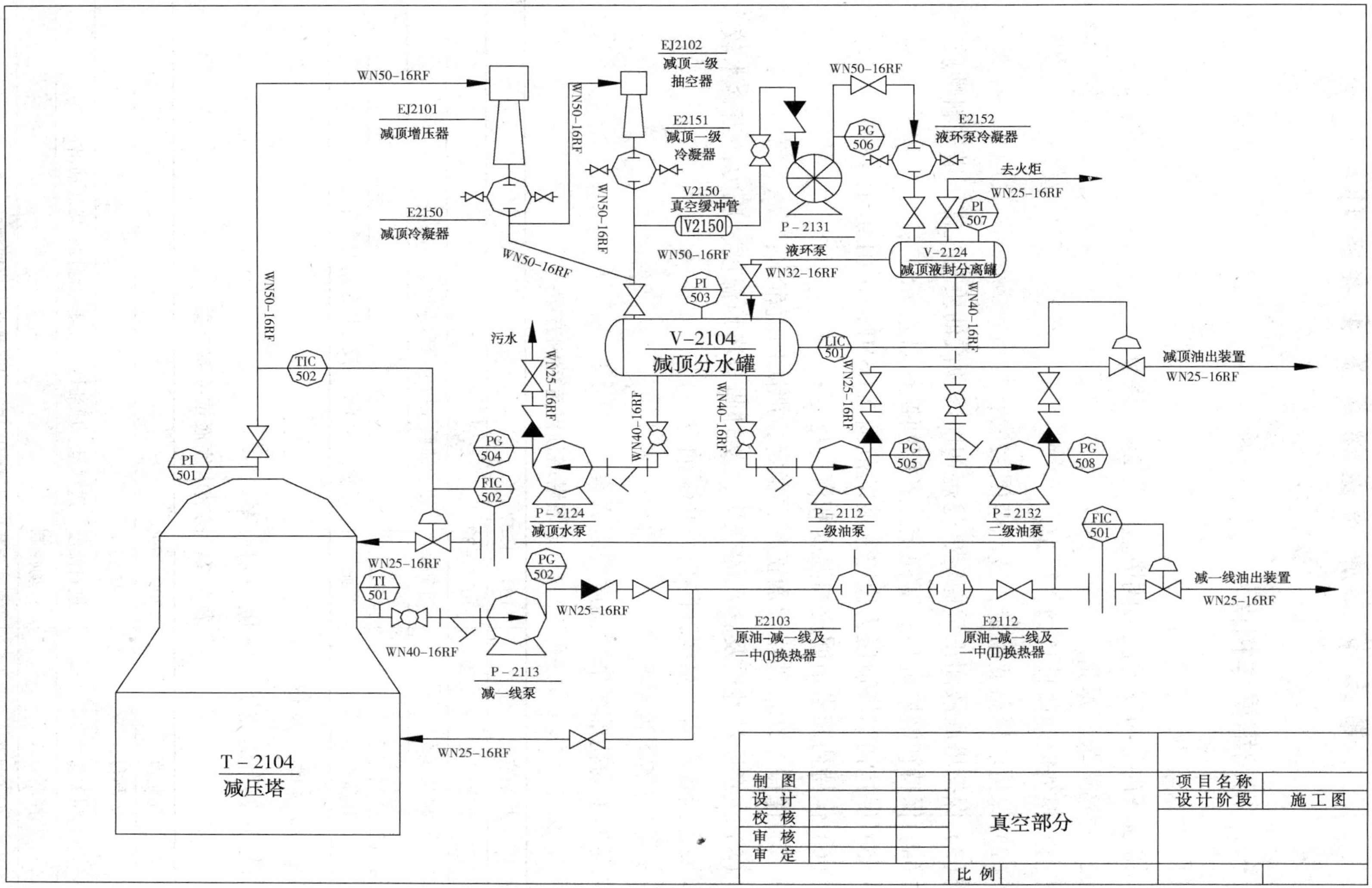

图3-5 原油蒸馏真空部分工艺流程图

第三节　原油蒸馏装置主要操作

一、初馏塔操作指南

1. 初馏塔内部结构

初馏塔内部为双溢流浮阀塔盘，共24层塔盘。

2. 初馏塔操作原则

（1）保持原油流量均匀、稳定；

（2）保持塔顶温度稳定，波动范围±2℃；

（3）保持塔底液面正常稳定，稳定初馏塔顶汽油质量及常压塔进料性质；

（4）保持初馏塔进料温度稳定，各路间换热温差≯5℃；

（5）保持初馏塔顶压力稳定，波动范围0.06MPa±0.01MPa；

（6）保持初馏塔顶回流油温度和流量稳定；

（7）保持V2102油水界面正常、稳定，严防回流带水；

（8）注意原油性质及含水的变化，及时调节塔顶温度、压力，当含水较大时，要适当提高塔顶温度，防止塔底泵抽空。

3. 初馏塔塔顶温度控制

表3-1为初馏塔塔顶温度控制方案。

表3-1　初馏塔塔顶温度控制方案

控制范围	100~115℃
控制目标	107℃±3℃
相关参数	进料温度、原油性质、初顶冷后温度、回流量
控制方式	自动控制
正常调整	回流量增大塔顶温度降低；反之塔顶温度会升高

4. 初馏塔底液位控制

表3-2为初馏塔底液位控制方案。

表3-2　初馏塔底液位控制方案

控制范围	30%~70%
控制目标	50%±5%
相关参数	进料温度、进料量、原油性质、塔顶温度、塔底抽出量
控制方式	自动控制
正常调整	通过调节进料量或塔底抽出量来调节塔底液面

5. 初馏塔顶压力控制

表 3-3 为初馏塔顶压力控制方案。

表 3-3 初馏塔顶压力控制方案

控制范围	≯0.1MPa
控制目标	0.06MPa±0.01MPa
相关参数	进料温度、进料量、原油性质、回流量、环境温度
控制方式	手动控制

二、常压塔操作指南

1. 常压塔内部结构

常压塔内部为双溢流浮阀塔盘，共 60 层塔盘；

常一线：从 22 层塔盘抽出至常压汽提塔上段；

常二线：从 38 层塔盘抽出至常压汽提塔中段；

常三线：从 48 层塔盘抽出至常压汽提塔下段；

常一中：从 27 层塔盘抽出返回到 23 层塔盘；

常二中：从 43 层塔盘抽出返回到 39 层塔盘。

2. 常压塔操作原则

（1）严格控制常压炉进料量，以保证常压塔进料稳定；

（2）搞好物料平衡，严格控制好各侧线抽出量，保持其平稳；

（3）保持常顶回流、常一中、常二中、侧线抽出的流量稳定及返塔温度平稳，各回流取热要趋于均匀，并严防常顶回流带水；

（4）保持塔顶压力平稳，控制在 0.06MPa±0.01MPa，要注意环境温度变化对塔顶压力的影响，做到及时调节；

（5）保持进料温度的稳定；

（6）保持初馏塔塔底油性质稳定；

（7）保持过热蒸汽压力稳定，以控制稳定的塔底吹汽量；

（8）保持常底液面稳定，侧线汽提塔保持中间液面，防止过高或过低；

（9）保持 V2103 油水界面正常、稳定，严防回流带水。

3. 常压塔顶温度控制

表 3-4 为常压塔顶温度控制方案。

表 3-4　常压塔顶温度控制方案

控制范围	120~145℃
控制目标	134℃±3℃
相关参数	进料温度、原油性质、常顶冷后温度、回流量
控制方式	自动控制
正常调整	塔顶温度是由塔顶回流量来控制

4. 常压塔底液位控制

表 3-5 为常压塔底液位控制方案。

表 3-5　常压塔底液位控制方案

控制范围	30%~70%
控制目标	50%±5%
相关参数	进料温度、进料量、进料性质、塔顶温度、塔底抽出量
控制方式	自动控制
正常调整	通过调节进料量或塔底抽出量来调节塔底液面

5. 常压塔顶压力控制

表 3-6 为常压塔顶压力控制方案。

表 3-6　常压塔顶压力控制方案

控制范围	≯0.1MPa
控制目标	0.06MPa±0.01MPa
相关参数	进料温度、进料量、原油性质、回流量、环境温度
控制方式	自动/手动控制

三、减压塔操作指南

1. 减压塔内部结构简介

减压塔内部为规整填料，共 8 层。

第一层塔盘：减一线抽出口及油气返回口；

第二层塔盘：减二线抽出口及油气返回口、减二中返回口；

第三层塔盘：减二中油抽出口；

第四层塔盘：减三线抽出口及油气返回口；

第五层塔盘：减四线抽出口及油气返回口、减三中返回口；

第六层塔盘：减三中油抽出口；

第七层塔盘：减五线抽出口及油气返回口；

第八层塔盘：减六线抽出口。

2. 减压塔操作原则

（1）搞好减压塔的物料平衡和热平衡，严格控制好各侧线抽出量；

（2）保持塔顶真空度≮93kPa，低于此值应立即查找原因，及时进行调节；

（3）控制稳定的减顶温度；

（4）保持稳定的过热蒸汽压力，以控制稳定的塔底吹汽量；

（5）保持稳定的减底液面，控制中间液位，液面过高使油品停留时间过长，造成油品裂化，增加不凝气，影响真空度；液面过低，易引起塔底泵抽空；

（6）保持稳定的进料温度；

（7）按工艺指标要求控制好各侧线及渣油冷后温度，防止温度过高引起油罐突沸或温度过低凝管线；

（8）调节好塔底吹汽量，按进料量的1%左右，同时要参考真空度及侧线产品质量而定。

3. 减压塔顶温度控制

表3-7为减压塔顶温度控制方案。

表3-7　减压塔顶温度控制方案

控制范围	50~80℃
控制目标	70℃±5℃
相关参数	进料温度、减顶冷后温度、回流量的变化
控制方式	自动控制
正常调整	塔顶温度是由塔顶回流量来控制

4. 减压塔塔底液位控制

表3-8为减压塔塔底液位控制方案。

表3-8　减压塔塔底液位控制方案

控制范围	40%~70%
控制目标	50%±5%
相关参数	进料温度、进料量、侧线量、进料性质、塔顶温度、塔底抽出量
控制方式	自动控制
正常调整	通过调节进料量或塔底抽出量来调节塔底液面

5. 减压塔顶压力

表3-9为减压塔塔顶压力控制方案。

表 3-9　减压塔塔顶压力控制方案

控制范围	-94～-99kPa
控制目标	-97kPa±2kPa
相关参数	真空泵吸入量、进料温度、进料量、回流量、环境温度、蒸汽压力、循环水温度及流量的变化
控制方式	人工控制
正常调整	通过调节真空泵吸入量、循环水温度和流量，蒸汽压力和流量，抽空器的能力来调节塔顶压力

第四节　原油蒸馏装置主要设备及仪表

一、原油蒸馏主要设备

(1) 塔及反应器：塔 5 座，包括初馏塔、常压塔、常压汽提塔、减压塔、减压汽提塔。

(2) 加热炉及换热器：常压炉、减压炉各 1 座，U 形管式换热器 5 台，浮头式换热器 30 台，表面蒸发空冷器 2 台，重沸器 1 台，蒸汽发生器 1 台。

(3) 流体输送设备：离心泵 23 台，液环真空泵 1 台。

(4) 其他通用设备：储罐 6 台，空冷风机 2 台，引风机、鼓风机、空气预热器各 1 台，减顶真空用增压器一级、二级抽空器共 2 台。

二、内部可视设备清单

表 3-10 为内部可见结构的设备清单。

表 3-10　原油蒸馏内部可见结构的设备清单

序号	名　称	位　号	内部结构	方　式
1	常压塔	T2102	双溢流浮阀塔盘	可开门
2	减压塔	T2104	规整填料塔盘	可开门
3	减顶冷凝器	E2150	浮头式换热器	可拆卸
4	减顶一级冷凝器	E2151	U 形管式换热器	可拆卸

三、主要机泵一览表

表 3-11 为原油蒸馏装置主要机泵一览表。

表 3-11 原油蒸馏装置主要机泵一览表

序号	设备名称	位号	介质	入口压力	出口压力
1	原油泵	P2101	原油	0.3	1.99
2	初底油泵	P2103	初底油	0.09	0.91
3	初顶油泵	P2102	初顶油	0.08	0.77
4	常顶油泵	P2104	常顶油	0.09	0.91
5	常一线油泵	P2106	常一线油	0.22	1.11
6	常一中油泵	P2107	常一中油	0.43	1.12
7	常二线油泵	P2108	常二线油	0.09	1.14
8	常二中油泵	P2109	常二中油	0.27	0.89
9	常三线油泵	P2110	常三线油	3.13	4.13
10	常压渣油泵	P2111	常压渣油	0	2.9
11	减顶一级油泵	P2112	减顶油	0.01	1.32
12	减一线及一中油泵	P2113	减一线油	0.43	1.69
13	减二线油泵	P2114	减二线油	0.16	1.18
14	减二中油泵	P2115	减二中油	0.34	0.95
15	减三线油泵	P2116	减三线油	0.09	1.31
16	减四线油泵	P2117	减四线油	1.01	1.2
17	减三中油泵	P2118	减三中油	0.19	0.82
18	减五线油泵	P2119	减五线油	0.01	1.3
19	减六线油泵	P2120	减六线油	0.05	1.12
20	净洗油泵	P2121	净洗油	0.08	0.5
21	减底渣油泵	P2122	减底渣油	0	1.84
22	减顶水泵	P2124	减顶水	0.01	0.9
23	液环式真空泵	P2131	水/减顶气		
24	减顶二级油泵	P2132	减顶油	0.01	1.4

四、主要控制仪表指标

表 3-12 为原油蒸馏装置主要控制仪表指标。

表 3-12 原油蒸馏装置主要控制仪表指标

序号	位号	正常值	单位	说明
1	LIC-202	50.00	%	初顶回流罐液位控制
2	LIC-301	50.00	%	常压塔塔底液位控制

续表

序号	位　号	正常值	单位	说　　明
3	LIC-302	50.00	%	常顶回流罐液位控制
4	LIC-401	50.00	%	减压塔塔底液位控制
5	LIC-501	50.00	%	减顶分水罐液位控制
6	FIC-101	953.14	t/h	原油进料流量控制
7	FIC-201	47.62	t/h	初顶回流量控制
8	FIC-202	456.12	t/h	常压炉一路进料量控制
9	FIC-203	456.12	t/h	常压炉二路进料量控制
10	FIC-301	667.62	t/h	常底油抽出量控制
11	FIC-302	79.77	t/h	常顶回流量控制
12	FIC-303	394.29	t/h	常一中循环量控制
13	FIC-304	339.48	t/h	常二中循环量控制
14	FIC-305	52.66	t/h	常一线抽出量控制
15	FIC-306	115.05	t/h	常二线抽出量控制
16	FIC-307	40.72	t/h	常三线抽出量控制
17	FIC-401	333.81	t/h	减压炉一路进料量控制
18	FIC-402	333.81	t/h	减压炉二路进料量控制
19	FIC-403	303.38	t/h	减渣油出装置流量控制
20	FIC-404	333.33	t/h	减二中循环量控制
21	FIC-405	336.17	t/h	减一中循环量控制
22	FIC-406	61.11	t/h	减二线抽出量控制
23	FIC-407	49.86	t/h	减三线抽出量控制
24	FIC-408	73.62	t/h	减四线抽出量控制
25	FIC-409	46.71	t/h	减五线抽出量控制
26	FIC-410	40.71	t/h	减六线抽出量控制
27	FIC-501	36.81	t/h	减一线回流量控制
28	FIC-502	226.14	t/h	减渣油抽出量控制
29	TIC-201	107.00	℃	初馏塔回流温度控制
30	TIC-302	134.00	℃	常压塔回流温度控制
31	TIC-502	70.00	℃	减压塔回流温度控制

五、主要显示仪表

表 3-13 为原油蒸馏装置主要显示仪表。

表 3-13　原油蒸馏装置主要显示仪表

序号	位　号	正常值	单位	说　　明
1	LI-201	50.00	%	初馏塔塔底液位
2	TI-101	130.00	℃	原油电脱盐罐出口温度
3	TI-102	135.00	℃	原油电脱盐罐入口温度
4	TI-103	222.00	℃	原油进初馏塔温度
5	TI-202	308.00	℃	初馏塔底换热后温度
6	TI-203	40.00	℃	初顶空冷器后温度
7	TI-204	368.00	℃	常压炉一路出口温度
8	TI-205	368.00	℃	常压炉二路出口温度
9	TI-206	78.00	℃	初顶 E-2101 冷凝后温度
10	TI-301	361.00	℃	常压塔底温度
11	TI-303	204.00	℃	常一中采出温度
12	TI-304	296.00	℃	常二中采出温度
13	TI-305	178.00	℃	常一线采出温度
14	TI-306	257.00	℃	常二线采出温度
15	TI-307	330.00	℃	常三线采出温度
16	TI-401	398.00	℃	减压炉一路出口温度
17	TI-402	398.00	℃	减压炉二路出口温度
18	TI-403	376.00	℃	减压塔底温度
19	TI-404	319.00	℃	减三中采出温度
20	TI-405	247.00	℃	减二中采出温度
21	TI-406	222.00	℃	减二线采出温度
22	TI-407	271.00	℃	减三线采出温度
23	TI-408	297.00	℃	减四线采出温度
24	TI-409	343.00	℃	减五线采出温度
25	TI-410	387.00	℃	减压炉出口混合温度
26	TI-501	135.00	℃	减一线采出温度
27	PG-101	1.99	MPa	原油泵出口压力
28	PI-102	1.20	MPa	原油电脱盐罐压力
29	PI-201	0.06	MPa	初馏塔顶压力
30	PG-202	2.12	MPa	初底泵出口压力
31	PI-204	0.03	MPa	初馏塔顶回流罐压力
32	PG-205	0.77	MPa	初顶泵出口压力

续表

序号	位　号	正常值	单位	说　　明
33	PI-206	4.00	MPa	常压炉出口压力
34	PG-301	1.32	MPa	常底泵出口压力
35	PI-302	0.06	MPa	常压塔顶压力
36	PG-303	0.91	MPa	常顶泵出口压力
37	PG-304	1.12	MPa	常一中泵出口压力
38	PG-305	0.89	MPa	常二中泵出口压力
39	PG-306	1.11	MPa	常一线泵出口压力
40	PG-307	1.14	MPa	常二线泵出口压力
41	PG-308	1.13	MPa	常三线泵出口压力
42	PI-309	0.34	MPa	常压汽提塔顶压力
43	PI-310	0.03	MPa	常压塔顶回流罐压力
44	PG-402	0.57	MPa	净洗油泵出口压力
45	PG-403	1.84	MPa	减底油泵出口压力
46	PG-404	0.82	MPa	减三中泵出口压力
47	PG-405	0.95	MPa	减二中泵出口压力
48	PG-406	1.18	MPa	减二线泵出口压力
49	PG-407	1.31	MPa	减三线泵出口压力
50	PG-408	1.25	MPa	减四线泵出口压力
51	PG-409	1.30	MPa	减五线泵出口压力
52	PG-410	1.12	MPa	减六线泵出口压力
53	PI-501	-98.00	kPa	减压塔顶压力
54	PG-502	1.69	MPa	减一线泵出口压力
55	PI-503	0.01	MPa	减顶分水罐压力
56	PG-504	0.90	MPa	减顶水泵出口压力
57	PG-505	1.32	MPa	一级油泵出口压力
58	PG-506	0.05	MPa	真空泵出口压力
59	PI-507	0.01	MPa	减顶液封分离罐压力
60	PG-508	1.40	MPa	二级油泵出口压力

第五节　原油蒸馏装置操作规程

一、冷态开车—原油油运

(1) 启动鼓风机 C2101。

(2) 启动引风机 C2102。

（3）（引原油至换热系统）全开原油泵 P-2101 入口阀 XV-101。

（4）启动原油泵 P-2101，引入开工原油。

（5）全开原油泵 P-2101 出口阀 XV-102，将原油引入脱前各换热器。

（6）全开脱盐罐入口流量调节阀 FIC-101 前阀 XV-104。

（7）全开脱盐罐入口流量调节阀 FIC-101 后阀 XV-105。

（8）打开脱盐罐入口流量调节阀 FIC-101，开度设为 25%，向原油电脱盐罐中缓慢装油。

（9）打开脱盐罐出口阀门 XV-107，开度设为 50%，使脱后四路换热装油。

（10）全开原油脱后换热器后的阀门 XV-108，原油进入初馏塔。

（11）（初馏塔至常压塔）全开初馏塔底抽出阀门 XV-201。

（12）全开初底泵 P-2103 入口阀 XV-202。

（13）当初馏塔 T-2101 液位 LI-201 达到 50%左右时，启动初底泵 P-2103。

（14）全开初底泵 P-2103 出口阀 XV-203，初底换热装油。

（15）启动常压炉进料电磁阀 XV-204。

（16）全开常压炉 F-2101 一路入口流量调节阀 FIC-202 前阀 XV-205。

（17）全开常压炉 F-2101 一路入口流量调节阀 FIC-202 后阀 XV-206。

（18）打开常压炉 F-2101 一路入口流量调节阀 FIC-202，开度设为 25%。

（19）全开常压炉 F-2101 二路入口流量调节阀 FIC-203 前阀 XV-208。

（20）全开常压炉 F-2101 二路入口流量调节阀 FIC-203 后阀 XV-209。

（21）打开常压炉 F-2101 二路入口流量调节阀 FIC-203，开度设为 25%。

（22）全开常压炉 F-2101 一路出口阀门 XV-211。

（23）全开常压炉 F-2101 二路出口阀门 XV-212。

（24）全开常压塔进料阀门 XV-301，装油到常压塔。

（25）（常压塔至减压塔）全开常压塔底抽出阀门 XV-302。

（26）全开常底泵 P-2111 入口阀 XV-303。

（27）当常压塔 T-2102 液位 LI-301 达到 50%左右时，启动常底泵 P-2111。

（28）全开常底泵 P-2111 出口阀 XV-304。

（29）启动减压炉进料电磁阀 XV-308。

（30）全开减压炉 F-2102 一路入口流量调节阀 FIC-401 前阀 XV-451。

（31）全开减压炉 F-2102 一路入口流量调节阀 FIC-401 后阀 XV-452。

（32）打开减压炉 F-2102 一路入口流量调节阀 FIC-401，开度设为 25%。

（33）全开减压炉 F-2102 二路入口流量调节阀 FIC-402 前阀 XV-454。

（34）全开减压炉 F-2102 二路入口流量调节阀 FIC-402 后阀 XV-455。

（35）打开减压炉 F-2102 二路入口流量调节阀 FIC-402，开度设为 25%。

（36）全开减压炉 F-2102 一路出口阀门 XV-457 。

（37）全开减压炉 F-2102 二路出口阀门 XV-458，装油到减压塔。

（38）(渣油出装置)全开减压塔底抽出阀门 XV-463。

（39）全开减底油泵 P-2122 入口阀 XV-464。

（40）当减压塔 T-2104 液位 LIC-401 达到 50%左右时，启动减底油泵 P-2122。

（41）全开减底油泵 P-2122 出口阀 XV-465。

（42）全开减压塔底换热器后的阀门 XV-466。

（43）全开减压塔出口流量调节阀 FIC-403 前阀 XV-467。

（44）全开减压塔出口流量调节阀 FIC-403 后阀 XV-468。

（45）打开减压塔出口流量调节阀 FIC-403，开度设为 50%，减底油经换热器后渣油出装置。

（46）全开减底渣油循环线阀门 XV-488，原油返回换热部分，形成闭路循环(调整各塔底液位，保持流量平衡)。

二、冷态开车-系统热循环、升温

（47）(加热炉点火)启动常压炉 F-2101 燃料气电磁阀门 XV-227。

（48）打开常压炉 F-2101 燃料气手阀 XV-228，开度设为 50%。

（49）启动常压炉点火按钮 F-2101。

（50）启动减压炉 F-2102 燃料气电磁阀门 XV-459。

（51）打开减压炉 F-2102 燃料气手阀 XV-487，开度设为 10%。

（52）启动减压炉点火按钮 F-2102。

（53）(系统升温，调整进料量)全开初馏塔顶阀门 XV-213。

（54）全开初馏塔顶回流罐 V-2102 入口阀门 XV-214。

（55）全开常压塔顶阀门 XV-309。

（56）全开常压塔顶回流罐 V-2103 入口阀门 XV-310。

（57）全开初顶泵 P-2102 入口阀 XV-218。

（58）当初顶回流罐液位 LIC-202 达到 30%左右时，启动初顶泵 P-2102 。

（59）全开初顶泵 P-2102 出口阀 XV-219。

（60）全开初顶至石脑油缓冲罐液位调节阀 LIC-202 前阀 XV-224。

（61）全开初顶至石脑油缓冲罐液位调节阀 LIC-202 后阀 XV-225。

（62）打开初顶至石脑油缓冲罐液位调节阀 LIC-202，开度设为 50%，向石脑油缓冲罐送油。

（63）全开初顶回流量调节阀 FIC-201 前阀 XV-221。

（64）全开初顶回流量调节阀 FIC-201 后阀 XV-222。

（65）当初顶温度 TIC-201 达到 100℃左右时，打开初顶回流量调节阀 FIC-201，开度设为 50%，建立初顶回流。

（66）全开常顶泵 P-2104 入口阀 XV-312。

（67）当常顶回流罐液位 LIC-302 达到 30%左右时，启动常顶泵 P-2104。

（68）全开常顶泵 P-2104 出口阀 XV-313。

（69）全开常顶至石脑油缓冲罐液位调节阀 LIC-302 前阀 XV-318。

（70）全开常顶至石脑油缓冲罐液位调节阀 LIC-302 后阀 XV-319。

（71）打开常顶至石脑油缓冲罐液位调节阀 LIC-302，开度设为 50%。

（72）全开常顶回流量调节阀 FIC-302 前阀 XV-315。

（73）全开常顶回流量调节阀 FIC-302 后阀 XV-316。

（74）当常顶温度 TIC-302 达到 130℃左右时，打开常顶回流量调节阀 FIC-302，开度设为 50%，建立常顶回流。

（75）（调整循环量适当补充新鲜原油）调整脱盐罐入口流量 FIC-101，开度设为 50%。

（76）全开脱盐罐出口阀门 XV-107。

（77）调整常压炉 F-2101 一路入口流量 FIC-202，开度设为 50%。

（78）调整常压炉 F-2101 二路入口流量 FIC-203，开度设为 50%。

（79）调整常压炉 F-2101 燃料气手阀 XV-228，开度设为 80%。

（80）调整减压炉 F-2102 一路入口流量 FIC-401，开度设为 50%。

（81）调整减压炉 F-2102 二路入口流量 FIC-402，开度设为 50%。

（82）调整减压炉 F-2102 燃料气手阀 XV-487，开度设为 50%。

三、冷态开车-常压系统开工，开放侧线

（83）（常压炉出口升温至 300℃左右时，开常一线）全开常一侧线从常压塔到常压汽提塔馏出阀 XV-321。

（84）全开常压汽提塔到常压塔阀门 XV-322。

（85）全开常一线抽出阀 XV-332。

（86）全开常一线泵 P-2106 入口阀 XV-333。

（87）启动常一线泵 P-2106。

（88）全开常一线泵 P-2106 出口阀 XV-334。

（89）全开常一线换热器后的阀门 XV-335。

（90）全开常一线油出装置流量调节阀 FIC-305 前阀 XV-336。

（91）全开常一线油出装置流量调节阀 FIC-305 后阀 XV-337。

（92）打开常一线油出装置流量调节阀 FIC-305，开度设为 50%。

（93）（开汽提蒸汽）全开常压汽提塔常二线汽提蒸汽阀 XV-330。

（94）全开常压汽提塔常三线汽提蒸汽阀 XV-331。

（95）（建立常一中回流）全开常一中抽出阀 XV-339。

（96）全开常一中泵 P-2107 入口阀 XV-340。

（97）启动常一中泵 P-2107。

（98）全开常一中泵 P-2107 出口阀 XV-341。

（99）全开常一中换热器后的阀门 XV-342。

（100）全开常一中油流量调节阀 FIC-303 前阀 XV-343。

（101）全开常一中油流量调节阀 FIC-303 后阀 XV-344。

（102）打开常一中油流量调节阀 FIC-303，开度设为 50%，控制常一中流量。

（103）（开常二线）全开常二侧线从常压塔到常压汽提塔馏出阀 XV-323。

（104）全开常压汽提塔到常压塔阀门 XV-324。

（105）全开常二线抽出阀 XV-346。

（106）全开常二线泵 P-2108 入口阀门 XV-347。

（107）启动常二线泵 P-2108。

（108）全开常二线泵 P-2108 出口阀门 XV-348。

（109）全开常二线换热器后的阀门 XV-349。

（110）全开常二线油出装置流量调节阀 FIC-306 前阀 XV-350。

（111）全开常二线油出装置流量调节阀 FIC-306 后阀 XV-351。

（112）打开常二线油出装置流量调节阀 FIC-306，开度设为 50%。

（113）（建立常二中回流）全开常二中抽出阀 XV-353。

（114）全开常二中泵 P-2109 入口阀 XV-354。

（115）启动常二中泵 P-2109。

（116）全开常二中泵 P-2109 出口阀 XV-355。

（117）全开常二中换热器后的阀门 XV-356。

（118）全开常二中油流量调节阀 FIC-304 前阀 XV-357。

（119）全开常二中油流量调节阀 FIC-304 后阀 XV-358。

（120）打开常二中油流量调节阀 FIC-304，开度设为 50%，控制常二中流量。

（121）（常压炉升温至 350℃左右时，开常三线）全开常三侧线从常压塔到常压汽提塔馏出阀 XV-325。

（122）全开常压汽提塔到常压塔阀门 XV-326。

（123）全开常三线抽出阀 XV-360。

（124）全开常三线泵 P-2110 入口阀 XV-361。

（125）启动常三线泵 P-2110。

（126）全开常三线泵 P-2110 出口阀 XV-362。

（127）全开常三线换热器后的阀门 XV-363。

（128）全开常三线油出装置流量调节阀 FIC-307 前阀 XV-364。

（129）全开常三线油出装置流量调节阀 FIC-307 后阀 XV-365。

（130）打开常三线油出装置流量调节阀 FIC-307，开度设为 50%。

（131）（调整）调节减底渣油循环线阀门 XV-488，开度设为 50%。

四、冷态开车-减压系统开工，开放侧线

（132）（建立减一中）全开减一线泵 P-2113 入口阀 XV-516，控制塔顶温度不高于 80℃。

（133）启动减一线泵 P-2113。

（134）全开减一线泵 P-2113 出口阀 XV-517。

（135）全开减一线换热器后的阀门 XV-529。

（136）全开减一返塔流量调节阀 FIC-502 前阀 XV-522。

（137）全开减一返塔流量调节阀 FIC-502 后阀 XV-523。

（138）打开减一返塔流量调节阀 FIC-502，开度设为 50%，建立减顶回流。

（139）全开减一线出装置流量阀 FIC-501 前阀 XV-519。

（140）全开减一线出装置流量阀 FIC-501 后阀 XV-520。

（141）打开减一线出装置流量阀 FIC-501，开度设为 50%，减一线油品外送。

（142）（减压炉升温至 350℃左右时，开减二线）全开减二侧线从减压塔到减压汽提塔馏出阀 XV-401。

（143）全开减压汽提塔到减压塔阀门 XV-402。

（144）全开减二线抽出阀 XV-426。

（145）全开减二线泵 P-2114 入口阀 XV-427。

（146）启动减二线泵 P-2114。

（147）全开减二线泵 P-2114 出口阀 XV-428。

（148）全开减二线换热器后的阀门XV-429。

（149）全开减二线油出装置流量调节阀FIC-406前阀XV-430。

（150）全开减二线油出装置流量调节阀FIC-406后阀XV-431。

（151）打开减二线油出装置流量调节阀FIC-406，开度设为50%，减二线外送。

（152）全开减压汽提塔减二线汽提蒸汽阀门XV-407。

（153）（开塔顶抽真空）全开减顶冷凝器E-2150回水阀门XV-526。

（154）全开减顶冷凝器E-2150上水阀门XV-525。

（155）全开减顶一级冷凝器E-2151回水阀门XV-528。

（156）全开减顶一级冷凝器E-2151上水阀门XV-527。

（157）全开液环泵冷凝器E-2152回水阀门XV-531。

（158）全开液环泵冷凝器E-2152上水阀门XV-530。

（159）全开减顶增压器EJ-2101、一级抽空器EJ-2102入口阀XV-501。

（160）全开一级抽空器出口至减顶分水罐V-2104阀门XV-502。

（161）全开液环泵P-2131入口阀XV-504。

（162）全开液环泵P-2131出口阀XV-505。

（163）全开减顶液封分离罐V-2124入口阀门XV-506。

（164）全开减顶液封分离罐V-2124去火炬阀门XV-533。

（165）启动液环泵P-2131，缓慢稍开机械抽真空（减压炉升温现象）。

（166）全开一级油泵P-2112入口阀XV-509。

（167）启动一级油泵P-2112。

（168）全开一级油泵P-2112出口阀XV-510。

（169）全开减顶分水罐液位调节阀LIC-501前阀XV-513。

（170）全开减顶分水罐液位调节阀LIC-501后阀XV-514。

（171）打开减顶分水罐液位调节阀LIC-501，开度设为50%。

（172）（出口温度升至380℃左右时，建立减二中）全开减二中抽出阀XV-410。

（173）全开减二中泵P-2115入口阀XV-411。

（174）启动减二中泵P-2115。

（175）全开减二中泵P-2115出口阀XV-412。

（176）全开减二中换热器后的阀门XV-413。

（177）全开减二中油流量调节阀FIC-405前阀XV-414。

（178）全开减二中油流量调节阀FIC-405后阀XV-415。

（179）打开减二中油流量调节阀FIC-405，开度设为50%，控制减二中流量。

（180）全开减二中油返回减压塔阀门 XV-417。

（181）（开减三线）全开减三侧线从减压塔到减压汽提塔馏出阀 XV-403。

（182）全开减压汽提塔到减压塔阀门 XV-404。

（183）全开减三线抽出阀 XV-433。

（184）全开减三线泵 P-2116 入口阀 XV-434。

（185）启动减三线泵 P-2116。

（186）全开减三线泵 P-2116 出口阀 XV-435。

（187）全开减三线换热器后的阀门 XV-436。

（188）全开减三线油出装置流量调节阀 FIC-407 前阀 XV-437。

（189）全开减三线油出装置流量调节阀 FIC-407 后阀 XV-438。

（190）打开减三线油出装置流量调节阀 FIC-407，开度设为 50%，减三线外送。

（191）全开减压汽提塔减三线汽提蒸汽阀门 XV-408。

（192）（开减四线）全开减四线从减压塔到减压汽提塔馏出阀 XV-405。

（193）全开减压汽提塔到减压塔阀门 XV-406。

（194）全开减四线抽出阀 XV-440。

（195）全开减四线泵 P-2117 入口阀 XV-441。

（196）启动减四线泵 P-2117。

（197）全开减四线泵 P-2117 出口阀 XV-442。

（198）全开减四线换热器后的阀门 XV-443。

（199）全开减四线油出装置流量调节阀 FIC-408 前阀 XV-444。

（200）全开减四线油出装置流量调节阀 FIC-408 后阀 XV-445。

（201）打开减四线油出装置流量调节阀 FIC-408，开度设为 50%，减四线外送。

（202）全开减压汽提塔减四线汽提蒸汽阀门 XV-409。

（203）（减压炉出口温度升至 390℃左右时，建立减三中）全开减三中抽出阀 XV-418。

（204）全开减三中泵 P-2118 入口阀 XV-419。

（205）启动减三中泵 P-2118。

（206）全开减三中泵 P-2118 出口阀 XV-420。

（207）全开减三中换热器后的阀门 XV-421。

（208）全开减三中油流量调节阀 FIC-404 前阀 XV-422。

（209）全开减三中油流量调节阀 FIC-404 后阀 XV-423。

（210）打开减三中油流量调节阀 FIC-404，开度设为 50%，控制减三中流量。

（211）全开减三中油返回减压塔阀门 XV-425。

（212）（调整）关闭减底渣油循环线阀门 XV-488。

（213）调节常压炉 F-2101 燃料气手阀 XV-228，开度设为 50%。

（214）启动初顶空冷器 EA-2101。

（215）启动常顶空冷器 EA-2102 。

（216）（开减五线）全开减五侧线从减压塔到减压汽提塔馏出阀 XV-470。

（217）全开减压汽提塔到减压塔阀门 XV-471。

（218）全开减五线抽出阀 XV-473。

（219）全开减五线泵 P-2119 入口阀 XV-474。

（220）启动减五线泵 P-2119。

（221）全开减五线泵 P-2119 出口阀 XV-475。

（222）全开减五线换热器后的阀门 XV-476。

（223）全开减五线油出装置流量调节阀 FIC-409 前阀 XV-477。

（224）全开减五线油出装置流量调节阀 FIC-409 后阀 XV-478。

（225）打开减五线油出装置流量调节阀 FIC-409，开度设为 50%，减五线外送。

（226）全开减压汽提塔减五线汽提蒸汽阀门 XV-472。

（227）（开减六线）全开减六线抽出阀 XV-480。

（228）全开减六线泵 P-2120 入口阀 XV-481。

（229）启动减六线泵 P-2120。

（230）全开减六线泵 P-2120 出口阀 XV-482。

（231）全开减六线换热器后的阀门 XV-483。

（232）全开减六线油出装置流量调节阀 FIC-410 前阀 XV-484。

（233）全开减六线油出装置流量调节阀 FIC-410 后阀 XV-485。

（234）打开减六线油出装置流量调节阀 FIC-410，开度设为 50%，减六线外送。

（235）（开净洗油）全开净洗油抽出阀 XV-460。

（236）全开净洗油泵 P-2121 入口阀 XV-461。

（237）启动净洗油泵 P-2121。

（238）全开净洗油泵 P-2121 出口阀 XV-462。

（239）全开净洗油回塔阀门 XV-489。

（240）（开减顶水泵、油泵）全开减顶水泵 P-2124 入口阀 XV-507。

（241）启动减顶水泵 P-2124。

（242）全开减顶水泵 P-2124 出口阀 XV-508。

（243）全开二级油泵 P-2132 入口阀 XV-511。

（244）启动二级油泵 P-2132。

（245）全开二级油泵 P-2132 出口阀 XV-512。

五、冷态开车-辅助系统投用

（246）全开脱盐注水阀门 XV-109。

（247）全开脱盐注水出口阀门 XV-110。

（248）全开初馏塔顶工业缓蚀剂注入阀门 XV-229。

（249）全开常压塔顶工业缓蚀剂注入阀门 XV-367。

（250）全开减压塔顶工业缓蚀剂注入阀门 XV-532。

六、冷态开车-优化工艺参数

（251）当原油进料量 FIC-101 为 953.14t/h 左右时，投自动，设为 953.14t/h。

（252）当初顶回流罐液位 LIC-202 为 50%左右时，投自动，设为 50%。

（253）当初馏塔顶温度 TIC-201 为 107℃左右时，投自动，设为 107℃。

（254）将初馏塔顶回流量 FIC-201 投串级。

（255）当常顶回流罐液位 LIC-302 为 50%左右时，投自动，设为 50%。

（256）当常压塔顶温度 TIC-302 为 134℃左右时，投自动，设为 134℃。

（257）将常压塔顶回流量 FIC-302 投串级。

（258）当常一线流量 FIC-305 为 52.66t/h 左右时，投自动，设为 52.66t/h。

（259）当常二线流量 FIC-306 为 115.05t/h 左右时，投自动，设为 115.05/h。

（260）当常三线流量 FIC-307 为 40.72t/h 左右时，投自动，设为 40.72t/h。

（261）当减压塔液位 LIC-401 为 50%左右时，投自动，设为 50%。

（262）将减压塔出口流量 FIC-403 投串级。

（263）当减压塔顶温度 TIC-502 为 70℃左右时，投自动，设为 70℃。

（264）将减顶回流量 FIC-502 投串级。

（265）当减一线流量 FIC-501 为 36.81t/h 左右时，投自动，设为 36.81t/h。
（266）当减二线流量 FIC-406 为 61.11t/h 左右时，投自动，设为 61.11t/h。
（267）当减三线流量 FIC-407 为 49.86t/h 左右时，投自动，设为 49.86t/h。
（268）当减四线流量 FIC-408 为 73.62t/h 左右时，投自动，设为 73.62t/h。
（269）当减五线流量 FIC-409 为 46.71t/h 左右时，投自动，设为 46.71t/h。
（270）当减六线流量 FIC-410 为 40.71t/h 左右时，投自动，设为 40.71t/h。

七、冷态开车-质量指标

（271）原油进料量 FIC-101　953.14t/h。
（272）原油脱后四路换热后温度 TI-103　222℃。
（273）初馏塔底液位 LI-201　50%。
（274）初馏塔顶回流罐液位 LIC-202　50%。
（275）初馏塔顶温度 TIC-201　107℃。
（276）初馏塔顶压力 PI-201　0.06MPa。
（277）初馏塔底换热后温度 TI-202　308℃。
（278）常压炉出口温度 TI-204　368℃。
（279）常压塔底液位 LI-301　50%。
（280）常压塔顶回流罐液位 LIC-302　50%。
（281）常压塔顶温度 TIC-302　134℃。
（282）常压塔顶压力 PI-302　0.06MPa。
（283）常一线流量 FIC-305　52.66t/h。
（284）常二线流量 FIC-306　115.05/h。
（285）常三线流量 FIC-307　40.72t/h。
（286）减压炉出口温度 TI-401　398℃。
（287）减压塔底液位 LIC-401　50%。
（288）减压塔顶温度 TIC-502　70℃。
（289）减压塔顶压力 PI-501　-98kPa。
（290）减一线流量 FIC-501　36.81t/h。
（291）减二线流量 FIC-406　61.11t/h。
（292）减三线流量 FIC-407　49.86t/h。
（293）减四线流量 FIC-408　73.62t/h。
（294）减五线流量 FIC-409　46.71t/h。
（295）减六线流量 FIC-410　40.71t/h。

八、正常运行

正常运行-质量指标

(296) 原油进料量 FIC-101　953.14t/h。

(297) 原油脱后四路换热后温度 TI-103　222℃。

(298) 初馏塔底液位 LI-201　50%。

(299) 初馏塔顶回流罐液位 LIC-202　50%。

(300) 初馏塔顶温度 TIC-201　107℃。

(301) 初馏塔顶压力 PI-201　0.06MPa。

(302) 初馏塔底换热后温度 TI-202　308℃。

(303) 常压炉出口温度 TI-204　368℃。

(304) 常压塔底液位 LI-301　50%。

(305) 常压塔顶回流罐液位 LIC-302　50%。

(306) 常压塔顶温度 TIC-302　134℃。

(307) 常压塔顶压力 PI-302　0.06MPa。

(308) 常一线流量 FIC-305　52.66t/h。

(309) 常二线流量 FIC-306　115.05/h。

(310) 常三线流量 FIC-307　40.72t/h。

(311) 减压炉出口温度 TI-401　398℃。

(312) 减压塔底液位 LIC-401　50%。

(313) 减压塔顶温度 TIC-502　70℃。

(314) 减压塔顶压力 PI-501　-98kPa。

(315) 减一线流量 FIC-501　36.81t/h。

(316) 减二线流量 FIC-406　61.11t/h。

(317) 减三线流量 FIC-407　49.86t/h。

(318) 减四线流量 FIC-408　73.62t/h。

(319) 减五线流量 FIC-409　46.71t/h。

(320) 减六线流量 FIC-410　40.71t/h。

九、正常停车

1) 正常停车-停辅助系统

(321) 关闭初馏塔顶工业缓蚀剂注入阀门 XV-229。

(322) 关闭常压塔顶工业缓蚀剂注入阀门 XV-367。

（323）关闭减压塔顶工业缓蚀剂注入阀门 XV-532。

（324）关闭脱盐注水阀门 XV-109。

（325）关闭脱盐注水出口阀门 XV-110。

2）正常停车-系统降量

（326）（常压系统降量）降低原油进料量 FIC-101，开度设为 25%。

（327）降低常压炉 F-2101 一路入口流量调 FIC-202，开度设为 25%。

（328）降低常压炉 F-2101 二路入口流量 FIC-203，开度设为 25%。

（329）调节常压炉 F-2101 燃料气手阀 XV-228，开度设为 20%，控制出口温度为 368℃左右。

（330）（减压系统降量）降低减压炉 F-2102 一路入口流量调节阀 FIC-401，开度设为 30%。

（331）降低减压炉 F-2102 二路入口流量调节阀 FIC-402，开度设为 30%。

（332）调节减压炉 F-2102 燃料气手阀 XV-487，开度设为 5%，控制出口温度为 398℃左右。

3）正常停车-降温、停常压系统

（333）（降温）调节常压炉 F-2101 燃料气手阀 XV-228，开度设为 5%（产品改线转不合格罐）。

（334）（停常一线）关闭常一侧线从常压塔到常压汽提塔馏出阀 XV-321。

（335）当常一线汽提塔液位 LI-303 降为 0 时，关闭常一线泵 P-2106 出口阀 XV-334。

（336）停常一线泵 P-2106。

（337）关闭常一线泵 P-2106 入口阀 XV-333。

（338）关闭常一线抽出阀 XV-332。

（339）关闭常一线油出装置流量调节阀 FIC-305。

（340）关闭常一线油出装置流量调节阀 FIC-305 前阀 XV-336。

（341）关闭常一线油出装置流量调节阀 FIC-305 后阀 XV-337。

（342）关闭常压汽提塔到常压塔阀门 XV-322。

（343）（停常一中）关闭常一中泵 P-2107 出口阀 XV-341。

（344）停常一中泵 P-2107。

（345）关闭常一中泵 P-2107 入口阀 XV-340。

（346）关闭常一中抽出阀 XV-339。

（347）关闭常一中油流量调节阀 FIC-303，停常一中。

（348）关闭常一中油流量调节阀 FIC-303 前阀 XV-343。

（349）关闭常一中油流量调节阀 FIC-303 后阀 XV-344。

（350）（停常二线）关闭常二侧线从常压塔到常压汽提塔馏出阀 XV-323。

（351）当常二线汽提塔液位 LI-304 降为 0 时，关闭常二线泵 P-2108 出口阀门 XV-348。

（352）停常二线泵 P-2108。

（353）关闭常二线泵 P-2108 入口阀门 XV-347。

（354）关闭常二线抽出阀 XV-346。

（355）关闭常二线油出装置流量调节阀 FIC-306。

（356）关闭常二线油出装置流量调节阀 FIC-306 前阀 XV-350。

（357）关闭常二线油出装置流量调节阀 FIC-306 后阀 XV-351。

（358）关闭常压汽提塔汽提蒸汽阀门 XV-330。

（359）关闭常压汽提塔到常压塔阀门 XV-324。

（360）（停常二中）关闭常二中泵 P-2109 出口阀 XV-355。

（361）停常二中泵 P-2109。

（362）关闭常二中泵 P-2109 入口阀 XV-354。

（363）关闭常二中抽出阀 XV-353。

（364）关闭常二中油流量调节阀 FIC-304，停常二中。

（365）关闭常二中油流量调节阀 FIC-304 前阀 XV-357。

（366）关闭常二中油流量调节阀 FIC-304 后阀 XV-358。

（367）（停常三线）关闭常三侧线从常压塔到常压汽提塔馏出阀 XV-325。

（368）当常三线汽提塔液位 LI-305 降为 0 时，关闭常三线泵 P-2110 出口阀 XV-362。

（369）停常三线泵 P-2110。

（370）关闭常三线泵 P-2110 入口阀 XV-361。

（371）关闭常三线抽出阀 XV-360。

（372）关闭常三线油出装置流量调节阀 FIC-307。

（373）关闭常三线油出装置流量调节阀 FIC-307 前阀 XV-364。

（374）关闭常三线油出装置流量调节阀 FIC-307 后阀 XV-365。

（375）关闭常压汽提塔汽提蒸汽阀门 XV-331。

（376）关闭常压汽提塔到常压塔阀门 XV-326。

4）正常停车-切断进料

（377）（确认可以切断进料）关闭原油泵 P-2101 出口阀 XV-102。

（378）停原油泵 P-2101 。

（379）关闭原油泵 P-2101 入口阀 XV-101。

（380）关闭脱盐罐入口流量调节阀 FIC-101。

（381）关闭脱盐罐入口流量调节阀 FIC-101 前阀 XV-104。

（382）关闭脱盐罐入口流量调节阀 FIC-101 后阀 XV-105。

（383）关闭脱盐罐出口阀门 XV-107 。

（384）关闭原油脱后换热器后的阀门 XV-108 。

（385）停常压炉点火按钮 F-2101。

（386）关闭常压炉 F-2101 燃料气手阀 XV-228。

（387）关闭常压炉 F-2101 燃料气电磁阀门 XV-227。

（388）（停初馏塔顶、常压塔顶回流及顶油）当初馏塔 T-2101 顶温度 TIC-201 小于 90℃时，关闭初顶回流量调节阀 FIC-201。

（389）关闭初顶回流量调节阀 FIC-201 前阀 XV-221。

（390）关闭初顶回流量调节阀 FIC-201 后阀 XV-222。

（391）当常压塔 T-2102 顶温度 TIC-302 小于 125℃时，关闭常顶回流量调节阀 FIC-302。

（392）关闭常顶回流量调节阀 FIC-302 前阀 XV-315。

（393）关闭常顶回流量调节阀 FIC-302 后阀 XV-316。

（394）当初馏塔顶回流罐 V-2102 液位 LIC-202 降为 0 时，关闭初馏塔顶泵 P-2102 出口阀 XV-219。

（395）停初馏塔顶泵 P-2102 。

（396）关闭初馏塔顶泵 P-2102 入口阀 XV-218。

（397）关闭初顶至石脑油缓冲罐液位调节阀 LIC-202 。

（398）关闭初顶至石脑油缓冲罐液位调节阀 LIC-202 前阀 XV-224。

（399）关闭初顶至石脑油缓冲罐液位调节阀 LIC-202 后阀 XV-225。

（400）当常压塔顶回流罐 V-2103 液位 LIC-302 降为 0 时，关闭常压塔顶泵 P-2104 出口阀 XV-313。

（401）停常压塔顶泵 P-2104。

（402）关闭常压塔顶泵 P-2104 入口阀 XV-312。

（403）关闭常顶至石脑油缓冲罐液位调节阀 LIC-302。

（404）关闭常顶至石脑油缓冲罐液位调节阀 LIC-302 前阀 XV-318。

（405）关闭常顶至石脑油缓冲罐液位调节阀 LIC-302 后阀 XV-319。

5）正常停车-降温、停减压系统

（406）（降温）停减压炉点火按钮 F-2102（产品改线转不合格罐）。

（407）关闭减压炉 F-2102 燃料气手阀 XV-487。

（408）关闭减压炉 F-2102 燃料气电磁阀门 XV-459。

（409）（停真空度）停液环泵 P-2131，停机械抽真空 。

（410）关闭液环泵 P-2131 入口阀 XV-504。

（411）关闭液环泵 P-2131 出口阀 XV-505。

（412）（停减一线、减一中）关闭减一线泵 P-2113 出口阀 XV-517。

（413）停减一线泵 P-2113。

（414）关闭减一线泵 P-2113 入口阀 XV-516。

（415）关闭减一线出装置流量阀 FIC-501 。

（416）关闭减一线出装置流量阀 FIC-501 前阀 XV-519。

（417）关闭减一线出装置流量阀 FIC-501 后阀 XV-520。

（418）关闭减一返塔流量调节阀 FIC-502。

（419）关闭减一返塔流量调节阀 FIC-502 前阀 XV-522。

（420）关闭减一返塔流量调节阀 FIC-502 后阀 XV-523。

（421）（停减二线）关闭减二侧线从减压塔到减压汽提塔馏出阀 XV-401。

（422）当减二线汽提塔液位 LI-402 降为 0 时，关闭减二线泵 P-2114 出口阀 XV-428。

（423）停减二线泵 P-2114。

（424）关闭减二线泵 P-2114 入口阀 XV-427。

（425）关闭减二线抽出阀 XV-426。

（426）关闭减二线油出装置流量调节阀 FIC-406 。

（427）关闭减二线油出装置流量调节阀 FIC-406 前阀 XV-430。

（428）关闭减二线油出装置流量调节阀 FIC-406 后阀 XV-431。

（429）关闭减压汽提塔减二线汽提蒸汽阀门 XV-407。

（430）关闭减压汽提塔到减压塔阀门 XV-402。

（431）（停减二中）关闭减二中泵 P-2115 出口阀 XV-412。

（432）停减二中泵 P-2115。

（433）关闭减二中泵 P-2115 入口阀 XV-411。

（434）关闭减二中抽出阀 XV-410。

（435）关闭减二中油流量调节阀 FIC-405。

（436）关闭减二中油流量调节阀 FIC-405 前阀 XV-414。

（437）关闭减二中油流量调节阀 FIC-405 后阀 XV-415。

（438）(停减三线)关闭减三侧线从减压塔到减压汽提塔馏出阀 XV-403。

（439）当减三线汽提塔液位 LI-403 降为 0 时，关闭减三线泵 P-2116 出口阀 XV-435。

（440）停减三线泵 P-2116。

（441）关闭减三线泵 P-2116 入口阀 XV-434。

（442）关闭减三线抽出阀 XV-433。

（443）关闭减三线油出装置流量调节阀 FIC-407 。

（444）关闭减三线油出装置流量调节阀 FIC-407 前阀 XV-437。

（445）关闭减三线油出装置流量调节阀 FIC-407 后阀 XV-438。

（446）关闭减压汽提塔减三线汽提蒸汽阀门 XV-408。

（447）关闭减压汽提塔到减压塔阀门 XV-404。

（448）(停减四线)关闭减四线从减压塔到减压汽提塔馏出阀 XV-405。

（449）当减四线汽提塔液位 LI-404 降为 0 时，关闭减四线泵 P-2117 出口阀 XV-442。

（450）停减四线泵 P-2117。

（451）关闭减四线泵 P-2117 入口阀 XV-441。

（452）关闭减四线抽出阀 XV-440。

（453）关闭减四线油出装置流量调节阀 FIC-408 。

（454）关闭减四线油出装置流量调节阀 FIC-408 前阀 XV-444。

（455）关闭减四线油出装置流量调节阀 FIC-408 后阀 XV-445。

（456）关闭减压汽提塔减四线汽提蒸汽阀门 XV-409。

（457）关闭减压汽提塔到减压塔阀门 XV-406。

（458）(停减三中)关闭减三中泵 P-2118 出口阀 XV-420。

（459）停减三中泵 P-2118。

（460）关闭减三中泵 P-2118 入口阀 XV-419。

（461）关闭减三中抽出阀 XV-418。

（462）关闭减三中油流量调节阀 FIC-404 。

（463）关闭减三中油流量调节阀 FIC-404 前阀 XV-422。

（464）关闭减三中油流量调节阀 FIC-404 后阀 XV-423。

（465）(停减五线)关闭减五侧线从减压塔到减压汽提塔馏出阀 XV-470。

（466）当减五线汽提塔液位 LI-405 降为 0 时，关闭减五线泵 P-2119 出口阀 XV-475。

（467）停减五线泵 P-2119。

（468）关闭减五线泵 P-2119 入口阀 XV-474。

（469）关闭减五线抽出阀 XV-473。

（470）关闭减五线油出装置流量调节阀 FIC-409 。

（471）关闭减五线油出装置流量调节阀 FIC-409 前阀 XV-477。

（472）关闭减五线油出装置流量调节阀 FIC-409 后阀 XV-478。

（473）关闭减压汽提塔减五线汽提蒸汽阀门 XV-472。

（474）关闭减压汽提塔到减压塔阀门 XV-471。

（475）（停减六线）关闭减六线泵 P-2120 出口阀 XV-482。

（476）停减六线泵 P-2120。

（477）关闭减六线泵 P-2120 入口阀 XV-481。

（478）关闭减六线抽出阀 XV-480。

（479）关闭减六线油出装置流量调节阀 FIC-410。

（480）关闭减六线油出装置流量调节阀 FIC-410 前阀 XV-484。

（481）关闭减六线油出装置流量调节阀 FIC-410 后阀 XV-485。

（482）（停送减冷油）当减顶分水罐 V-2104 液位 LIC-501 降为 0 时，关闭一级油泵 P-2112 出口阀 XV-510。

（483）停一级油泵 P-2112。

（484）关闭一级油泵 P-2112 入口阀 XV-509。

（485）关闭减顶水泵 P-2124 出口阀 XV-508。

（486）停减顶水泵 P-2124。

（487）关闭减顶水泵 P-2124 入口阀 XV-507。

（488）关闭二级油泵 P-2132 出口阀 XV-512。

（489）停二级油泵 P-2132。

（490）关闭二级油泵 P-2132 入口阀 XV-511。

（491）关闭减顶分水罐液位调节阀 LIC-501。

（492）关闭减顶分水罐液位调节阀 LIC-501 前阀 XV-513。

（493）关闭减顶分水罐液位调节阀 LIC-501 后阀 XV-514。

（494）（停净洗油）关闭净洗油泵 P-2121 出口阀 XV-462。

（495）停净洗油泵 P-2121。

（496）关闭净洗油泵 P-2121 入口阀 XV-461。

（497）关闭净洗油抽出阀 XV-460。

（498）关闭净洗油回塔阀门 XV-489。

6）正常停车-退油吹扫

（499）当初馏塔 T-2101 液位 LI-201 降至 0 时，关闭初底泵 P-2103 出口阀 XV-203 。

（500）停初底泵 P-2103。

（501）关闭初底泵 P-2103 入口阀 XV-202。

（502）关闭常压炉进料电磁阀 XV-204。

（503）关闭常压炉 F-2101 一路入口流量调节阀 FIC-202。

（504）关闭常压炉 F-2101 一路入口流量调节阀 FIC-202 前阀 XV-205。

（505）关闭常压炉 F-2101 一路入口流量调节阀 FIC-202 后阀 XV-206。

（506）关闭常压炉 F-2101 二路入口流量调节阀 FIC-203。

（507）关闭常压炉 F-2101 二路入口流量调节阀 FIC-203 前阀 XV-208。

（508）关闭常压炉 F-2101 二路入口流量调节阀 FIC-203 后阀 XV-209。

（509）全开常压炉 F-2101 一路出口阀门 XV-211 。

（510）全开常压炉 F-2101 二路出口阀门 XV-212。

（511）当常压塔 T-2102 液位 LI-301 降至时，关闭常底泵 P-2111 出口阀 XV-304。

（512）停常底泵 P-2111。

（513）关闭常底泵 P-2111 入口阀 XV-303。

（514）关闭减压炉进料电磁阀 XV-308。

（515）关闭减压炉 F-2102 一路入口流量调节阀 FIC-401。

（516）关闭减压炉 F-2102 一路入口流量调节阀 FIC-401 前阀 XV-451。

（517）关闭减压炉 F-2102 一路入口流量调节阀 FIC-401 后阀 XV-452。

（518）关闭减压炉 F-2102 二路入口流量调节阀 FIC-402。

（519）关闭减压炉 F-2102 二路入口流量调节阀 FIC-402 前阀 XV-454。

（520）关闭减压炉 F-2102 二路入口流量调节阀 FIC-402 后阀 XV-455。

（521）关闭减压炉 F-2102 一路出口阀门 XV-457 。

（522）关闭减压炉 F-2102 二路出口阀门 XV-458 。

（523）当减压塔 T-2104 液位 LIC-401 降至 0 时，关闭减底油泵 P-2122 出口阀 XV-465。

（524）停减底油泵 P-2122。

（525）关闭减底油泵 P-2122 入口阀 XV-464。

（526）关闭减压塔出口流量调节阀 FIC-403。
（527）关闭减压塔出口流量调节阀 FIC-403 前阀 XV-467。
（528）关闭减压塔出口流量调节阀 FIC-403 后阀 XV-468。
（529）停初馏塔顶空冷器 EA-2101。
（530）关闭初馏塔顶阀门 XV-213。
（531）关闭初馏塔顶回流罐 V-2102 入口阀门 XV-214。
（532）关闭初馏塔底抽出阀门 XV-201。
（533）停常压塔顶空冷器 EA-2102。
（534）关闭常压塔顶阀门 XV-309。
（535）关闭常压塔顶回流罐 V-2103 入口阀门 XV-310。
（536）关闭常压塔进料阀门 XV-301 。
（537）关闭常压塔底抽出阀门 XV-302。
（538）关闭常一线换热器后的阀门 XV- 335。
（539）关闭常一中换热器后的阀门 XV-342。
（540）关闭常二线换热器后的阀门 XV-349。
（541）关闭常二中换热器后的阀门 XV-356。
（542）关闭常三线换热器后的阀门 XV-363。
（543）关闭减二线换热器后的阀门 XV-429。
（544）关闭减二中换热器后的阀门 XV-413。
（545）关闭减二中油返回减压塔阀门 XV-417。
（546）关闭减三线换热器后的阀门 XV-436。
（547）关闭减四线换热器后的阀门 XV-443。
（548）关闭减三中换热器后的阀门 XV-421。
（549）关闭减三中油返回减压塔阀门 XV-425。
（550）关闭减五线换热器后的阀门 XV-476。
（551）关闭减六线换热器后的阀门 XV-483。
（552）关闭减压塔底抽出阀门 XV-463。
（553）关闭减压塔底换热器后的阀门 XV-466。
（554）关闭减顶增压器 EJ-2101、一级抽空器 EJ-2102 入口阀 XV-501。
（555）关闭一级抽空器出口至减顶分水罐 V-2104 阀门 XV-502。
（556）关闭减顶液封分离罐 V-2124 入口阀门 XV-506。
（557）关闭减顶冷凝器 E-2150 上水阀门 XV-525。

（558）关闭减顶冷凝器 E-2150 回水阀门 XV-526。

（559）关闭减顶一级冷凝器 E-2151 上水阀门 XV-527。

（560）关闭减顶一级冷凝器 E-2151 回水阀门 XV-528。

（561）关闭液环泵冷凝器 E-2152 上水阀门 XV-530。

（562）关闭液环泵冷凝器 E-2152 回水阀门 XV-531。

（563）关闭减一线换热器后的阀门 XV-529。

（564）关闭减顶液封分离罐 V-2124 去火炬阀门 XV-533。

（565）（改好退油吹扫流程，反复憋压吹扫）。

十、紧急停车

（566）（降温）停常压炉点火按钮 F-2101。

（567）关闭常压炉 F-2101 燃料气手阀 XV-228。

（568）关闭常压炉 F-2101 燃料气电磁阀门 XV-227。

（569）停减压炉点火按钮 F-2102。

（570）关闭减压炉 F-2102 燃料气手阀 XV-487。

（571）关闭减压炉 F-2102 燃料气电磁阀门 XV-459。

（572）（停进料）关闭原油泵 P-2101 出口阀 XV-102。

（573）停原油泵 P-2101 。

（574）关闭原油泵 P-2101 入口阀 XV-101。

（575）关闭脱盐罐入口流量调节阀 FIC-101。

（576）关闭脱盐罐入口流量调节阀 FIC-101 前阀 XV-104。

（577）关闭脱盐罐入口流量调节阀 FIC-101 后阀 XV-105。

（578）（停初顶线）关闭初馏塔顶泵 P-2102 出口阀 XV-219。

（579）停初馏塔顶泵 P-2102 。

（580）关闭初馏塔顶泵 P-2102 入口阀 XV-218。

（581）（停初底线）关闭初底泵 P-2103 出口阀 XV-203 。

（582）停初底泵 P-2103。

（583）关闭初底泵 P-2103 入口阀 XV-202。

（584）（停常顶线）关闭常压塔顶泵 P-2104 出口阀 XV-313。

（585）停常压塔顶泵 P-2104。

（586）关闭常压塔顶泵 P-2104 入口阀 XV-312。

（587）（停汽提蒸汽）关闭常压汽提塔汽提蒸汽阀门 XV-330。

（588）关闭常压汽提塔汽提蒸汽阀门 XV-331。

（589）（停常一线）关闭常一线泵 P-2106 出口阀 XV-334。

（590）停常一线泵 P-2106。

（591）关闭常一线泵 P-2106 入口阀 XV-333。

（592）（停常一中）关闭常一中泵 P-2107 出口阀 XV-341。

（593）停常一中泵 P-2107。

（594）关闭常一中泵 P-2107 入口阀 XV-340。

（595）（停常二线）关闭常二线泵 P-2108 出口阀门 XV-348。

（596）停常二线泵 P-2108。

（597）关闭常二线泵 P-2108 入口阀门 XV-347。

（598）（停常二中）关闭常二中泵 P-2109 出口阀 XV-355。

（599）停常二中泵 P-2109。

（600）关闭常二中泵 P-2109 入口阀 XV-354。

（601）（停常三线）关闭常三线泵 P-2110 出口阀 XV-362。

（602）停常三线泵 P-2110。

（603）关闭常三线泵 P-2110 入口阀 XV-361。

（604）（停常底线）关闭常底泵 P-2111 出口阀 XV-304。

（605）停常底泵 P-2111。

（606）关闭常底泵 P-2111 入口阀 XV-303。

（607）（停真空度）停液环泵 P-2131，停机械抽真空 。

（608）关闭液环泵 P-2131 入口阀 XV-504。

（609）关闭液环泵 P-2131 出口阀 XV-505。

（610）（停汽提蒸汽）关闭减压汽提塔减二线汽提蒸汽阀门 XV-407。

（611）关闭减压汽提塔减三线汽提蒸汽阀门 XV-408。

（612）关闭减压汽提塔减四线汽提蒸汽阀门 XV-409。

（613）关闭减压汽提塔减五线汽提蒸汽阀门 XV-472。

（614）（停减一线、减一中）关闭减一线泵 P-2113 出口阀 XV-517。

（615）停减一线泵 P-2113。

（616）关闭减一线泵 P-2113 入口阀 XV-516。

（617）（停减二线）关闭减二线泵 P-2114 出口阀 XV-428。

（618）停减二线泵 P-2114。

（619）关闭减二线泵 P-2114 入口阀 XV-427。

（620）（停减二中）关闭减二中泵 P–2115 出口阀 XV–412。

（621）停减二中泵 P–2115。

（622）关闭减二中泵 P–2115 入口阀 XV–411。

（623）（停减三线）关闭减三线泵 P–2116 出口阀 XV–435。

（624）停减三线泵 P–2116。

（625）关闭减三线泵 P–2116 入口阀 XV–434。

（626）（停减四线）关闭减四线泵 P–2117 出口阀 XV–442。

（627）停减四线泵 P–2117。

（628）关闭减四线泵 P–2117 入口阀 XV–441。

（629）（停减三中）关闭减三中泵 P–2118 出口阀 XV–420。

（630）停减三中泵 P–2118。

（631）关闭减三中泵 P–2118 入口阀 XV–419。

（632）（停减五线）关闭减五线泵 P–2119 出口阀 XV–475。

（633）停减五线泵 P–2119。

（634）关闭减五线泵 P–2119 入口阀 XV–474。

（635）（停减六线）关闭减六线泵 P–2120 出口阀 XV–482。

（636）停减六线泵 P–2120。

（637）关闭减六线泵 P–2120 入口阀 XV–481。

（638）（停送减冷线油）关闭一级油泵 P–2112 出口阀 XV–510。

（639）停一级油泵 P–2112。

（640）关闭一级油泵 P–2112 入口阀 XV–509。

（641）关闭减顶水泵 P–2124 出口阀 XV–508。

（642）停减顶水泵 P–2124。

（643）关闭减顶水泵 P–2124 入口阀 XV–507。

（644）关闭二级油泵 P–2132 出口阀 XV–512。

（645）停二级油泵 P–2132。

（646）关闭二级油泵 P–2132 入口阀 XV–511。

（647）（停净洗油）关闭净洗油泵 P–2121 出口阀 XV–462。

（648）停净洗油泵 P–2121。

（649）关闭净洗油泵 P–2121 入口阀 XV–461。

（650）（停减底线）关闭减底油泵 P–2122 出口阀 XV–465。

（651）停减底油泵 P–2122。

(652) 关闭减底油泵 P-2122 入口阀 XV-464。

(653) (停空冷器)停初馏塔顶空冷器 EA-2101。

(654) 停常压塔顶空冷器 EA-2102。

第六节　原油蒸馏装置事故处理预案

一、事故处理原则

(1) 要及时发现初期事故，并尽快将事故消灭在萌芽时期，并及时汇报车间及厂生产运行处调度中心，如有必要降温降量处理。

(2) 如果事故扩大，班组控制不住，请求消防队调来消防车掩护，同时事故设备能停止进料的停止进料。

(3) 当油烟较大时，可佩戴空气呼吸器进入现场进行救火，防止发生人员中毒。

(4) 如遇到危险源泄漏时，并出现大面积的火灾时，在不影响事故处理或已经基本处理完的情况下，可切断装置全部电源，防止引起电路着火，引起其他事故。

(5) 按照紧急疏散通道疏散无关人员。

(6) 在装置失控的情况下，按照人员的撤退路线，及时撤到安全地带，防止人员伤亡。

(7) 装置发生下列情况按紧急停工方案处理：

① 本装置发生重大事故，经努力处理，仍不能消除，并继续扩大或其他有关装置发生火灾、爆炸事故，严重威胁本装置安全运行，应紧急停工。

② 加热炉炉管烧穿，分馏塔严重漏油着火或其他冷换，机泵设备发生爆炸或火灾事故，应紧急停工。

③ 主要机泵、原油泵、塔底泵发生故障，无法修复，备用泵又不能启动，可紧急停工。

④ 长时间停原料、停电、停汽、停水不能恢复，可紧急停工处理。

二、紧急停工方法

(1) 加热炉立即熄火，并向炉膛内大量吹汽，三塔顶(初馏塔、常压塔、减压塔)瓦斯改放空。

(2) 按顺序停掉原油泵、塔底泵、侧线泵、中段回流泵、最后停掉塔顶回流泵。

(3) 关闭各塔吹汽，过热蒸汽改放空。

(4) 减压恢复常压，注意在塔内温度高于200℃时，真空度≯40kPa，保证V2104水封正常。

(5) 打开1.0MPa蒸汽向自产汽并汽阀门。

(6) 在紧急停工过程中，必须保证机泵冷却水系统正常运转。

(7) 通知厂调度，车间生产值班人员，说明停工原因、时间。

(8) 紧急停工注意事项。紧急停工时，以安全为主，先停运关键设备，切断重点部位、进料及热源，岗位间要做好联系工作，不能因操作程序错误造成物料跑、冒、窜、泄漏、超温、超压等危险状况。

三、事故处理

1. 真空系统装置晃电

(1) 事故现象

① DCS画面停泵报警(由绿色变为红色)。

② 液环泵P-2131停，减顶水泵P-2124停，一级油泵P-2112停，二级油泵P-2132停，减一线泵P-2113停。

(2) 事故确认(P-现场操作人员，I-控制室操作人员)

[P]—现场确认有②所述事故现象，通知内操。

[I]—DCS界面确认有①所述事故现象。

[I]—在HSE事故确认界面，选择“真空部分装置晃电”按钮进行事故汇报。

(3) 事故处理

[P]—关液环泵P-2131出口阀XV505。

[P]—开液环泵P-2131。

[P]—开液环泵P-2131出口阀XV505。

[P]—汇报主操“液环泵P-2131泵已开启，运行正常”。

[P]—关减顶水泵P-2124出口阀XV508。

[P]—开减顶水泵P-2124。

[P]—开减顶水泵P-2124出口阀XV508。

[P]—汇报主操“减顶水泵P-2124泵已开启，运行正常”。

[P]—关一级油泵P-2112出口阀XV510。

[P]—开一级油泵P-2112。

[P]—开一级油泵P-2112出口阀XV510。

[P]—汇报主操"一级油泵 P-2112 泵已开启，运行正常"。

[P]—关二级油泵 P-2132 出口阀 XV512。

[P]—开二级油泵 P-2132。

[P]—开二级油泵 P-2132 出口阀 XV512。

[P]—汇报主操"二级油泵 P-2132 泵已开启，运行正常"。

[P]—关减一线泵 P-2113 出口阀 XV517。

[P]—开减一线泵 P-2113。

[P]—开减一线泵 P-2113 出口阀 XV517。

[P]—汇报主操"减一线泵 P-2113 泵已开启，运行正常"。

2. 常压炉炉管破裂

(1) 事故现象

① 常压炉防爆门打开、炉膛内可见火苗，炉膛内有异常响声，常压炉顶部有浓烟冒出；

② 常压炉出口温度 TI204(事故值 500℃，正常值 368℃)报警；

③ 常压炉出口温度 TI205(事故值 500℃，正常值 368℃)报警；

④ 可燃气体报警器报警。

(2) 事故确认

[P]—现场确认有①所述事故现象，通知内操。

[I]—DCS 界面确认有②、③、④报警信号。

[I]—在 HSE 事故确认界面，选择"常压炉炉管破裂"按钮进行事故汇报。

(3)事故处理

[I]—关闭常压炉燃料气进气电磁阀 XV227。

[I]—汇报班长"常压炉燃料气进气电磁阀 XV227 已关闭"。

[P]—关闭常压炉燃料气进气手阀 XV228。

[P]—汇报主操"常压炉燃料气进气已隔离"。

[I]—关常压炉进料电磁阀 XV204。

[I]—汇报班长"常压炉进料电磁阀 XV204 已关闭"。

[I]—关常压炉进料调节阀 FV202。

[I]—关常压炉进料调节阀 FV203。

[I]—汇报班长"常压炉进料调节阀 FV202、FV203 已关闭"。

[P]—关常压炉进料阀 FV202 前手阀 XV205。

[P]—关常压炉进料阀 FV202 后手阀 XV206。

[P]—汇报主操"常压炉进料阀 FV202 前后手阀已关闭"。

[P]—关常压炉进料阀 FV203 前手阀 XV208。

[P]—关常压炉进料阀 FV203 后手阀 XV209。

[P]—汇报主操“常压炉进料线已隔离”。

[P]—关常压炉出口阀门 XV211、XV212。

[P]—汇报主操“常压炉出口线已隔离”。

[P]—关初底泵出口阀门 XV203。

[P]—关初底泵 P-2103。

[P]—关初底泵入口阀门 XV202。

[P]—汇报主操“初底泵 P-2103 已停止”。

[P]—汇报调度室“常减压已被隔离，请组织紧急停工，保证其他各部安全生产”。

3. 常压系统仪表风停

(1) 事故现象

① 常压汽提塔一段(LI303)、二段(LI304)、三段(LI305)液位报警(事故值75%，正常值50%)。

② 常一线流量 FIC305 为零，常二线流量 FIC306 为零，常三线流量 FIC307 为零。

(2) 事故确认

[P]—现场有①、②事故现象。

[I]—DCS 界面确认有①报警。

[I]—在 HSE 事故确认界面，选择“常压部分系统仪表风停”按钮进行事故汇报。

(3) 事故处理

[I]—通知初馏部分降量控制，调节常压炉进口调节阀 FV202、FV203 开度为零。

[I]—汇报班长“初馏部分已降量控制，常减炉进口调节阀 FV202、FV203 开度调节为零”。

[P]—关闭调节阀 FV202、FV203 前后手阀 XV205、XV206、XV208、XV209。

[P]—汇报主操“常压炉进料线已停止”。

[I]—关闭常压炉燃料气进气电磁阀 XV227。

[I]—汇报班长“常压炉燃料气进气电磁阀 XV227 已关闭”。

[P]—关闭常压炉燃料气进气手阀 XV228。

[P]—汇报主操“常压炉燃料气线已停止”。

[P]—关闭常压塔进料阀 XV301。

[P]—汇报主操“常压塔进料已停止”。

[P]—关闭常一线泵出口阀门 XV334。

[P]—关闭常一线泵 P-2106。

[P]—关闭常一线泵进口阀门 XV333。

[P]—汇报主操“常一线泵 P-2106 已停止”。

[P]—关闭常二线泵出口阀门 XV348。

[P]—关闭常二线泵 P-2108。

[P]—关闭常二线泵进口阀门 XV347。

[P]—汇报主操“常二线泵 P-2108 已停止”。

[P]—关闭常三线泵出口阀门 XV362。

[P]—关闭常三线泵 P-2110。

[P]—关闭常三线泵进口阀门 XV361。

[P]—汇报调度室“常三线泵 P-2110 已停止”。

[P]—关闭常一中泵出口阀门 XV341。

[P]—关闭常一中泵 P-2107。

[P]—关闭常一中泵进口阀门 XV340。

[P]—汇报主操“常一中泵 P-2107 已停止”。

[P]—关闭常二中泵出口阀门 XV355。

[P]—关闭常二中泵 P-2109。

[P]—关闭常二中泵进口阀门 XV354。

[P]—汇报主操“常二中泵 P-2109 已停止”。

[P]—汇报调度室“常压部分系统仪表风停已得到控制，请仪表工进入现场进行紧急维护”。

4. 减压塔减四线泵泄漏着火

(1) 事故现象

① 减压塔减四线泵 P-2117 处有火焰升起，现场伴随有浓烟，同时有火焰声音。

② 可燃气体报警器报警。

(2) 事故确认

[P]—现场确认有上述①事故现象，通知内操。

[I]—DCS 界面确认有②现象报警。

[I]—在 HSE 事故确认界面，选择“减压塔减四线泵泄漏着火”按钮进行事故汇报。

(3) 事故处理

[P]—停减压塔减四线泵 P-2117。

[P]—关闭减压塔减四线泵 P-2117 前后手阀 XV441、XV442。

[P]—汇报调度室“减四线泵 P-2117 已停止”。

[P]—关闭减压塔减四线抽出口阀门 XV405。

[P]—关闭汽提塔三段汽提蒸汽入口阀门 XV409。

[P]—关闭减压汽提塔减四线返回口阀门 XV406。

[P]—汇报调度室“减四线系统已隔离”。

[P]—打开消防蒸汽软管站蒸汽阀 XV2304 用消防蒸汽带灭火(现象①停)。

[P]—汇报调度室“减四线泵明火已被扑灭，请组织岗位人员对后续工作进行处理。”

5. 燃料气中断

(1) 事故现象

① 常压炉压力 PI206 低报(事故值 2MPa，正常值 4MPa)。

② 常压炉炉膛温度 TI204 低温报警(报警值 200℃，正常值 368℃)。

③ 常压炉炉膛温度 TI205 低温报警(报警值 200℃，正常值 368℃)。

④ 常压炉炉膛火焰熄灭。

(2) 事故确认

[P]—现场确认有④事故现象，通知内操。

[I]—DCS 界面确认有①、②、③报警信号。

[I]—在 HSE 事故确认界面，选择“燃料气中断”按钮进行事故汇报。

(3) 事故处理

[I]—关常压炉 F-2101 燃料气进气电磁阀 XV227。

[I]—关减压炉 F-2102 燃料气进气电磁阀 XV459。

[I]—汇报班长“常减压和减压炉燃料气进口电磁阀已断开。”

[P]—关常压炉 F-2101 燃料气进气手阀 XV228。

[P]—关减压炉 F-2102 燃料气进气手阀 XV487。

[P]—汇报主操“常压炉、减压炉燃料气进口手阀已关闭。”

[I]—通知常压系统降量控制。

[I]—关常压炉进料电磁阀 XV204。

[I]—关减压炉进料电磁阀 XV308。

[I]—汇报班长“常压炉、减压炉进料电磁阀已关闭”。

[I]—关常压炉进料调节阀 FV202、FV203。

[I]—关减压炉进料调节阀 FV401、FV402。

[I]—汇报班长“常压炉和减压炉进料调节阀已关闭”。

[P]—关闭常压炉进料调节阀 FV202 前后手阀 XV205、XV206。

[P]—关闭常压炉进料调节阀 FV203 前后手阀 XV208、XV209。

[P]—汇报主操“常压炉进料线已隔离”。

[P]—关闭减压炉进料调节阀 FV401 前后手阀 XV451、XV452。

[P]—关闭减压炉进料调节阀 FV402 前后手阀 XV454、XV455。

[P]—汇报主操“常压炉、减压炉进料线已隔离”。

[P]—关闭常压炉出料阀门 XV211、XV212。

[P]—关闭减压炉出料阀门 XV457、XV458。

[P]—汇报主操“常压炉、减压炉出料线已隔离”。

6. 真空部分循环水中断

(1) 事故现象

① 减压塔顶真空度急剧下降(事故值 0kPa，正常值-98kPa)。

② 减压塔顶温度升高(事故值 150℃，正常值 70℃)。

③ 液环式真空泵压力 PG506 升高(事故值 0kPa，正常值-98kPa)。

(2) 事故确认

[P]—现场确认有③事故现象，通知内操。

[I]—DCS 界面确认有①、②报警信号。

[I]—在 HSE 事故确认界面，选择“真空部分循环水中断”按钮进行事故汇报。

(3) 事故处理

[I]—通知调度室及循环水厂，确认停水时间及原因；立即实施紧急停车方案。

[P]—关闭液环式真空泵进口阀门 XV504。

[P]—关闭液环式真空泵 P-2131。

[P]—关闭液环式真空泵出口阀门 XV505。

[P]—汇报主操“液环式真空泵 P-2131 已停止”。

[I]—通知减压部分降量控制，调节减压炉进料调节阀 FV401、FV402 开度为零。

[I]—汇报班长“已通知减压部分降量控制，减压炉进料调节阀 FV401、

FV402 已关闭”。

[P]—关闭减压炉进料调节阀 FV401 及 FV402 前后手阀 XV451、XV452、XV454、XV455。

[P]—汇报主操“减压炉进料线已关闭”。

[I]—关闭减顶油出口调节阀 LV501。

[I]—汇报班长“减顶油出口调节阀 LV501 已关闭”。

[P]—关闭减顶油出口调节阀 LV501 前后手阀 XV513、XV514。

[P]—汇报主操“减顶油出口调节阀 LV501 前后手阀已关闭”。

[P]—关闭减一线泵 P-2113 出口阀门 XV517。

[P]—关闭减一线泵 P-2113。

[P]—关闭减一线泵 P-2113 进口阀门 XV516。

[P]—汇报主操“减一线泵 P-2113 已停止”。

[I]—通知换热部分降量控制，调节脱前原油调节阀 FV101 开度为 10%。

7. 常压塔塔釜人孔法兰泄漏

(1) 事故现象

① 常压塔 T-2102 塔釜人孔法兰处有气体喷出，有气体泄漏声音。

② DCS 界面可燃气体和硫化氢报警器报警。

(2) 事故确认

[P]—现场确认有①事故现象，通知内操。

[I]—DCS 界面确认可燃气体和硫化氢报警器报警。

[I]—在 HSE 事故确认界面，选择“常压塔塔釜人孔法兰泄露”按钮进行事故汇报。

(3) 事故处理

[I]—主操用广播对现场进行通知，说明泄露点，并要求现场人员迅速往上风向进行撤离。

[I]—通知生产调度，降到装置生产量。

[P]—佩带好空气呼吸器、H2S 便携式报警器去事故现场。

[P]—在装置区拉警戒线将装置区隔离。

[P]—关闭常压塔进料手阀 XV301。

[P]—汇报主操“常压塔进料手阀 XV301 已关闭”。

[I]—关常压炉 F-2101 燃料气进气电磁阀 XV227。

[I]—关减压炉 F-2102 燃料气进气电磁阀 XV459。

[I]—汇报班长“常减压和减压炉燃料气进口电磁阀已断开”。

[P]—关常压炉 F-2101 燃料气进气手阀 XV228。

[P]—关减压炉 F-2102 燃料气进气手阀 XV487。

[P]—汇报主操“常压炉、减压炉燃料气进口手阀已关闭”。

[P]—关闭常压塔顶手阀 XV309。

[P]—关闭常一线抽出手阀 XV321。

[P]—关闭常一线返回手阀 XV322。

[P]—关闭常二线抽出手阀 XV323。

[P]—关闭常二线返回手阀 XV324。

[P]—关闭常三线抽出手阀 XV325。

[P]—关闭常三线返回手阀 XV326。

[P]—关闭常三线抽出侧线手阀 XV327。

[P]—关闭常三线抽出侧线手阀 XV328。

[P]—关闭常底泵出口阀门 XV304。

[P]—关闭常底泵 P-2111。

[P]—关闭常底泵入口阀门 XV303。

[P]—关闭常压塔塔底出口阀门 XV302。

[P]—汇报调度室“常压塔已隔离，请求维修人员到场对泄露法兰进行处理”。

8. 气动调节阀 FV407 故障

(1) 事故现象

① 减三线泵出口气动调节阀 FV407 关闭。

② 减三线泵出口气动调节阀 FV407 开度为零。

③ 减三线泵出口压力 PG407 高报(故障值 2.5MPa，正常值 1.31MPa)。

(2) 事故确认

[P]—现场确认有上述①、③事故现象，通知内操。

[I]—DCS 界面确认②事故现象。

[I]—在 HSE 事故确认界面，选择“气动调节阀 FV407 故障”按钮进行事故汇报。

(3) 事故处理

[P]—关气动调节阀 FV407 前后手阀 XV437、XV438。

[P]—开气动调节阀 FV407 旁路手阀 XV439。

[P]—与主控室主操联系，调节旁路手阀 XV439 到适当开度，使减三线泵出口压力 PG407 降至规定值。(调节阀门时要缓慢，微调，常调)(此时事故现

象③停止)。

[I]—通知电气仪表维修部门对 FV407 进行维修。

9. 初顶空冷器泄漏

(1) 事故现象

① 初顶空冷器管线有油气喷出，有气体泄漏声音。

② 初顶回流罐 V2102 压力 PI204 低压报警(报警值 0MPa，正常值 0.03MPa)；

③ 可燃气体和硫化氢报警器报警

(2) 事故确认

[P]—现场确认有①事故现象，通知内操。

[I]—DCS 界面确认有②③报警信号。

[I]—在 HSE 事故确认界面，选择“初顶空冷器泄漏”按钮进行事故汇报。

(3) 事故处理

[I]—通知换热部分降量控制。

[P]—关闭初馏塔顶阀门 XV213。

[P]—关闭初顶泵 P-2102 出口阀门 XV219。

[P]—关闭初顶泵 P-2102。

[P]—关闭初顶泵 P-2102 进口阀门 XV218。

[P]—汇报主操“初顶泵 P-2102 已停止”。

[P]—关闭初顶空冷器风机。

[P]—汇报主操“初顶空冷器风机已停止，泄漏处已隔离”。

[P]—适当关初馏塔进料阀 XV108，维持初馏塔稳定。

[I]—通知设备维修部门对初顶空冷器泄漏处进行维修。

10. DCS 系统停电

(1) 事故现象

① DCS 界面黑屏。

② 各气动调节阀处于风开风关状态。

(2) 事故确认

[P]—现场确认有②事故现象，通知内操。

[I]—确认 DCS 界面黑屏。

[I]—在 HSE 事故确认界面，选择“DCS 系统停电”按钮进行事故汇报。

(3)事故处理

[P]—关闭原油泵 P-2101 出口阀门 XV102。

[P]—停原油泵 P-2101。

[P]—关闭原油泵 P-2101 进口阀门 XV101。

[P]—汇报调度室“原油泵 P-2101 已停止”。

[P]—关闭电脱盐罐进口调节阀 FV101 前后手阀 XV104、XV105。

[P]—关闭电脱盐罐注水阀门 XV109。

[P]—汇报调度室“电脱盐罐进料线已停止”。

[P]—关闭电脱盐罐出口阀门 XV107。

[P]—汇报调度室“电脱盐罐 V2101 已隔离，请启用备用电源”。

第四章 重油催化裂化部分

第一节 重油催化裂化装置简介

重油催化裂化实物仿真装置是以抚顺石化分公司石油二厂 1.5Mt/a 催化裂化装置为原型，按 1∶8 比例缩小而建成。工业化实际装置包括催化裂化装置和产品精制装置。催化裂化装置包括反应再生、分馏、吸收稳定、烟气能量回收机组、气压机、一氧化碳焚烧炉等部分；产品精制装置包括干气、液化气脱硫，液化气脱硫醇和汽油脱硫醇等部分。实物仿真装置选取催化裂化部分。

第二节 重油催化裂化工艺流程

一、反应再生系统

原油蒸馏的渣油及罐区来混合蜡油，经装置原料混合器混合后进入装置原料油罐，后经原料油泵升压，依次与分馏一中油、油浆换热至 200℃左右后，从原料油雾化喷嘴进入提升管反应器反应一区，与经蒸汽(干气)预提升的 660~680℃的高温催化剂接触汽化并进行反应，反应一区出口的反应油气经分布板进入反应二区进一步反应后，反应油气经粗旋进行气剂粗分离，分离出的油气经单级旋分进一步脱除催化剂细粉后经大油气管线至分馏塔。分离出的待生催化剂经沉降器沉降后经待生催化剂滑阀、待生提升管至第一再生器(简称一再)。

一再待生催化剂在一再主风和二再烟气的作用下进行逆流烧焦，催化剂在 680℃、贫氧的条件下进行不完全再生。烧掉绝大部分的焦炭，烧焦产生的烟气，先经一再一、二级旋风分离器分离其中携带的催化剂，再经三级旋风分离器进一步分离催化剂后，进入烟气轮机膨胀作功，驱动主风机组。烟气出烟气轮机后，进入余热锅炉，补燃烧掉其中 CO 后，进一步回收烟气的显热后经脱硫塔对烟气进行脱硫净化，脱硫后达到排放要求的净烟气经烟囱排入大气。

来自一再的半再生催化剂分为两路，一路进入第二再生器，继续烧掉剩余的焦炭，另一路经外取热器取走烧焦过程中产生的过剩热量，冷却的催化剂沿外取热器下滑阀返回第二再生器继续烧焦。烧焦后的再生催化剂经再生斜管至提升管预提升段。

在提升管预提升段，以干气和蒸汽作提升介质，完成再生催化剂加速、整流过程，然后与雾化原料接触反应。

图 4-1 为重油催化裂化反应再生系统工艺流程图。

二、分馏系统

由沉降器来的反应油气进入分馏塔底部，通过人字挡板与循环油浆逆流接触，洗涤反应油气中的催化剂并脱除过热，使油气呈饱和状态进入主分馏塔上部进行分馏。

分馏塔顶油气分别经分馏塔顶油气-换热水换热器、分馏塔顶油气干式空冷器、分馏塔顶后冷器冷却至 40℃，进分馏塔顶油气分离器进行气液分离。分出的粗汽油进吸收塔作吸收剂；富气进入气压机；酸性水由含硫氨污水泵送出装置至酸厂。

轻柴油自分馏塔(17 层、19 层)抽出自流至轻柴油汽提塔，汽提后的轻柴油由轻柴油泵抽出，做解吸塔底重沸器热源、后经轻柴油-富吸收油换热器、轻柴油-除氧水换热器换热后分为两路，一路经轻柴油空冷器冷却到 40℃，作为产品经出装置；另一路经贫吸收油空冷器，贫吸收油冷却器冷却到 40℃送至再吸收塔作吸收剂，吸收后的富吸收油经换热器 E-204 后返回分馏塔 20 层。

分馏塔多余的热量分别由顶循环回流，一中段循环回流、油浆循环回流取走。

顶循环回流自分馏塔 28 层抽出，经顶循环油泵升压，经顶循环油—换热水换热器、顶循环油后冷器(循环水)降至 100℃左右返回分馏塔顶。

一中段回流油自分馏塔 13 层抽出后，经分馏一中油泵升压，依次经稳定塔底重沸器、解吸塔底重沸器、分馏一中-原料油换热器、分馏一中-热水换热器，温度降至 210℃左右返回分馏塔 17 层或 19 层。

油浆自分馏塔底由循环油浆泵抽出后，经原料油-循环油浆换热器、循环油浆蒸汽发生器发生中压蒸汽后，温度降至 280℃，分为两部分，一部分返回分馏塔底；另一部分经产品油浆冷却器冷却至 90℃，送出装置。

回炼油自分馏塔 2 层塔盘自流出至回炼油罐，后经回炼油泵抽出，一部分做回炼油回炼；另一部分作为内回流返回分馏塔。

图 4-2 为重油催化裂化分馏系统工艺流程图。

三、吸收稳定系统

从分馏塔顶油气分离器来的富气进入气压机进行压缩，压缩至1.2 MPa(绝)的压缩富气送至吸收稳定部分。气压机出口富气经空冷后与富气洗涤水、解吸塔顶气混合，经压缩富气前冷器冷却至45℃，与吸收塔底油(47℃)混合后，进入压缩富气后冷器，冷却到40℃，进入气压机出口油气分离器进行气、液分离。分离后的气体进入吸收塔用粗汽油及稳定汽油作吸收剂进行吸收，吸收过程放出的热量由两个中段回流取走。贫气至再吸收塔，用贫吸收油作吸收剂进一步吸收后，干气自塔顶分出，经产品精制脱硫后进入瓦斯管网。

凝缩油由解吸塔进料泵抽出，经稳定汽油加热到65℃作为热进料进入解吸塔第三层；解吸塔中间重沸器，由解吸塔中间抽出经稳定汽油加热(至98℃)。解吸塔重沸器共设置两台，分别由轻柴油、分馏一中油作为热源，以解吸出凝缩油中的C_2组分。其中轻柴油侧设置隔板，用于接收解吸塔最下层塔盘的液体，经底部设置的隔板进入轻柴油作热源的解吸塔底重沸器，加热后混相返回解吸塔后，由塔底进入分馏一中作热源的解吸塔底重沸器，其目的减少塔底抽出介质中所夹带气相组分，防止经一中加热后汽化过快。

脱乙烷汽油由解吸塔底抽出，直接送至稳定塔进行多组分分馏，稳定塔底重沸器由分馏塔一中段循环回流油提供热量。液化石油气从塔顶馏出，经稳定塔顶冷凝冷却器冷至40℃后进入稳定塔顶回流罐。液化石油气经稳定塔顶回流油泵抽出后，一部分作稳定塔回流，其余作为液化石油气产品送至产品精制部分脱硫及脱硫醇。稳定汽油从稳定塔底流出，经稳定塔热进料换热器、解吸塔中间重沸器、解吸塔热进料换热器和稳定汽油除氧水换热器，分别与脱乙烷汽油、解吸塔中间抽出油、凝缩油、除氧水换热后，再经稳定汽油冷却器冷却至40℃，一部分由P304送至吸收塔作补充吸收剂，其余部分送至产品精制单元。

气压机出口油气分离器分离出的酸性水，送至污水罐后，经污水泵送至装置外(酸性水汽提装置)。

图4-3为重油催化裂化吸收稳定系统工艺流程图。

四、烟气能量回收系统

来自再生器的具有较高压力的高温烟气首先进入一台卧管式三级旋风分离器，从中分离出大部分细粉催化剂，使进入烟气轮机的烟气中催化剂含量降到

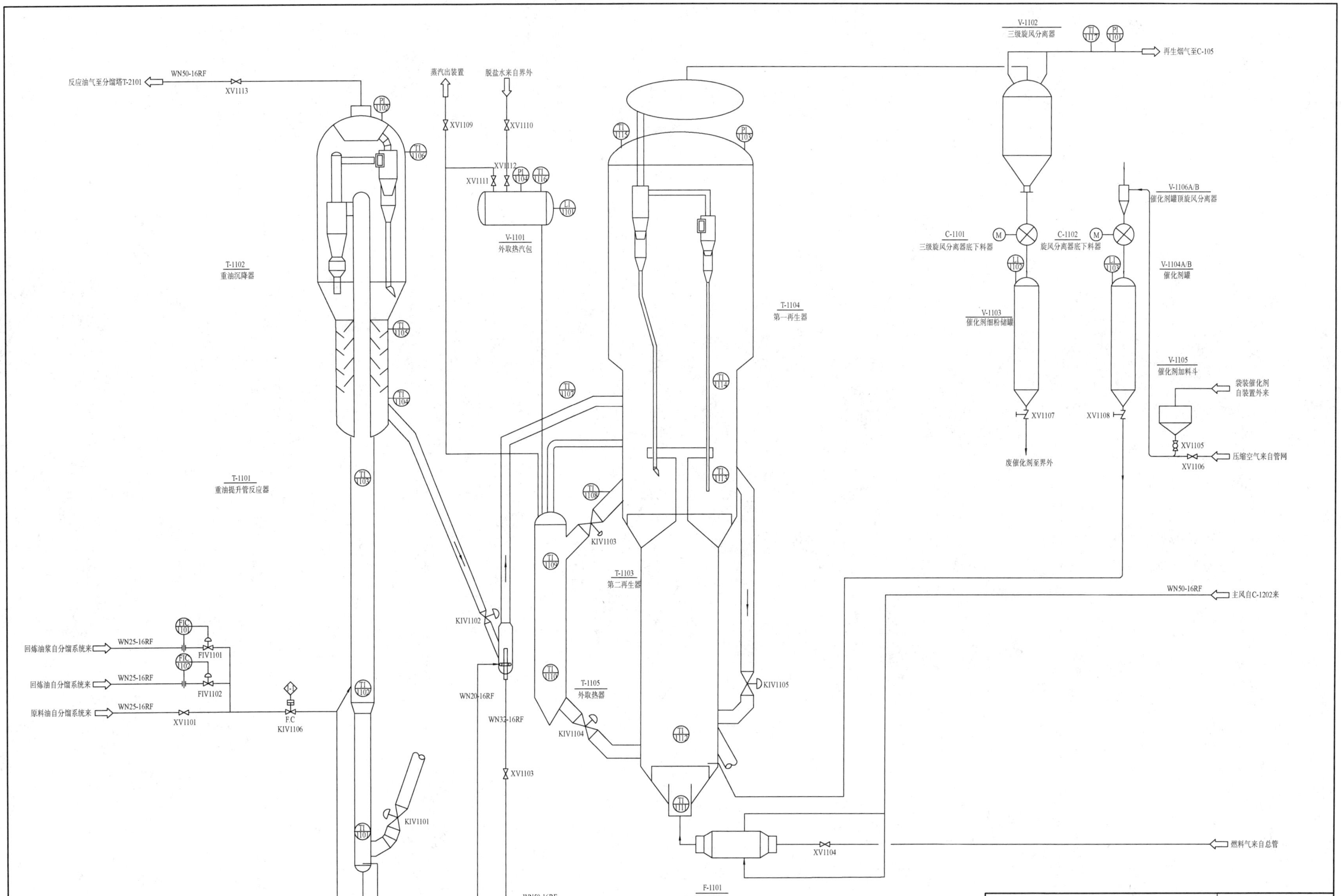

秦皇岛博赫科技开发有限公司				辽宁石油化工大学	
制　图			反应再生系统	项 目 编 号	BH03-GY-0101
设　计				设 计 阶 段	工艺图
校　核				重油催化裂化装置	
审　核					
审　定				第　张	共　张
	年　月		比 例		

图 4-1　重油催化裂化反应再生系统工艺流程图

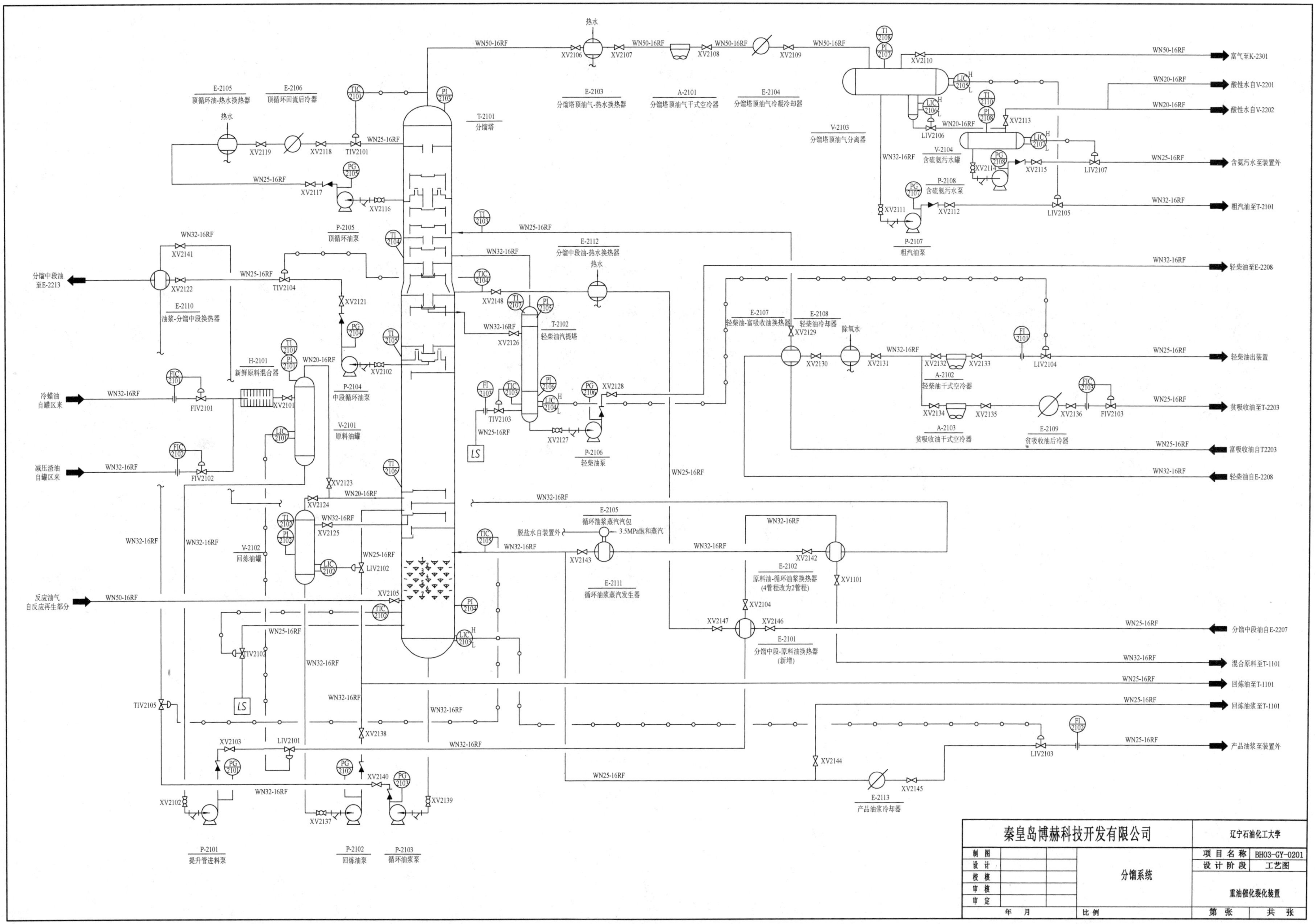

图 4-2　重油催化裂化分馏系统工艺流程图

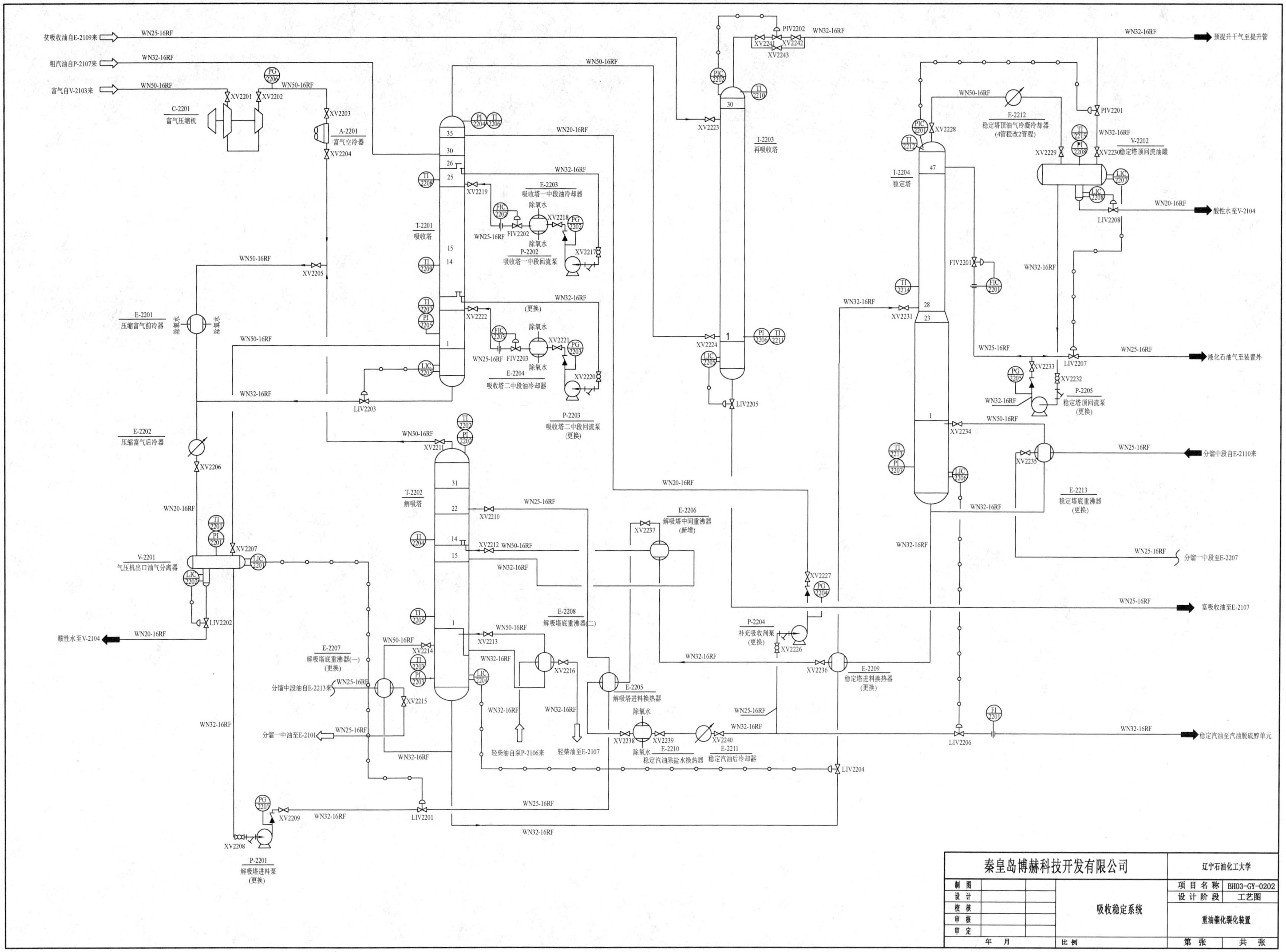

图 4-3 重油催化裂化吸收稳定系统工艺流程图

200mg /Nm^3 以下，大于 10μm 的催化剂颗粒基本除去，以保证烟气轮机叶片长期运转。净化了的烟气从三级旋风分离器出来经高温平板闸阀轴向进入烟气轮机膨胀作功，驱动主风机回收烟气中的压力能，作功的烟气压力从 0.32MPa 降至 0.105MPa，温度由 660～620℃降至 450℃经水封罐后进入燃烧式 CO 余热锅炉回收烟气燃烧热和显热，发生 3.9MPa，420℃的过热蒸汽；烟气经燃烧式 CO 余热锅炉后温度降至 220℃，经脱硫系统脱除烟气中的二氧化硫等酸性气体，符合排放标准的净烟气最后经脱硫塔上部烟囱排入大气。在烟气轮机前的水平管道上装有高温平板闸阀，高温平板闸阀是在事故状态下紧急切断烟气进入烟机之用。从三级旋风分离出来的催化剂细粉主要是小于 30μm 的，连续排入了细粉收集罐，收集罐满后由卡车运出界外。

图 4-4 为重油催化裂化烟气能量回收系统工艺流程图。

五、CO 焚烧炉-烟气脱硫系统

1. 水汽流程

从管网来的除氧水分别进入油浆蒸汽发生器、外取热器和余热炉产生中压饱和蒸汽。从内、外取热器汽包和油浆蒸汽发生器汽包以及余热炉产生的中压饱和蒸汽进入厂内 3.5MPa 蒸汽管网供本装置或其他单位使用。

2. 余热炉烟气系统流程

经过烟机作功后的 0.105MPa、500℃含有 6%(体积分数)左右 CO 的烟气经水封罐后进入 CO 焚烧炉，经过瓦斯火嘴补燃后，产生 900～1000℃的高温烟气，依次经过余热锅的辐射段，对流段回收烟气燃烧热和显热，发生中压过热蒸汽，最后烟气温度降至 200℃左右，经过省煤器和烟道排入烟气脱硫系统。

3. 瓦斯系统流程

CO 焚烧炉补燃的瓦斯在流程上可以使用两种介质，一为系统高压瓦斯；二为本装置自产稳定干气。当装置自产稳定干气并入管网并压力足够时则使用自产稳定干气，系统瓦斯为补充；瓦斯总管分为三路，一路作为提升管仪表反吹风；一路作为 F-101 炉用瓦斯，主线去 CO 焚烧炉作为补燃瓦斯。

4. 烟气脱硫流程

从余热炉出来的烟气进入脱硫塔中，与塔顶喷淋的碱液逆向接触，洗去烟气中的二氧化硫、二氧化氮等酸性气体，吸收了酸性气体的废碱液排到界外处理。净烟气直排入大气。

图 4-5 为重油催化裂化烟气处理系统工艺流程图。

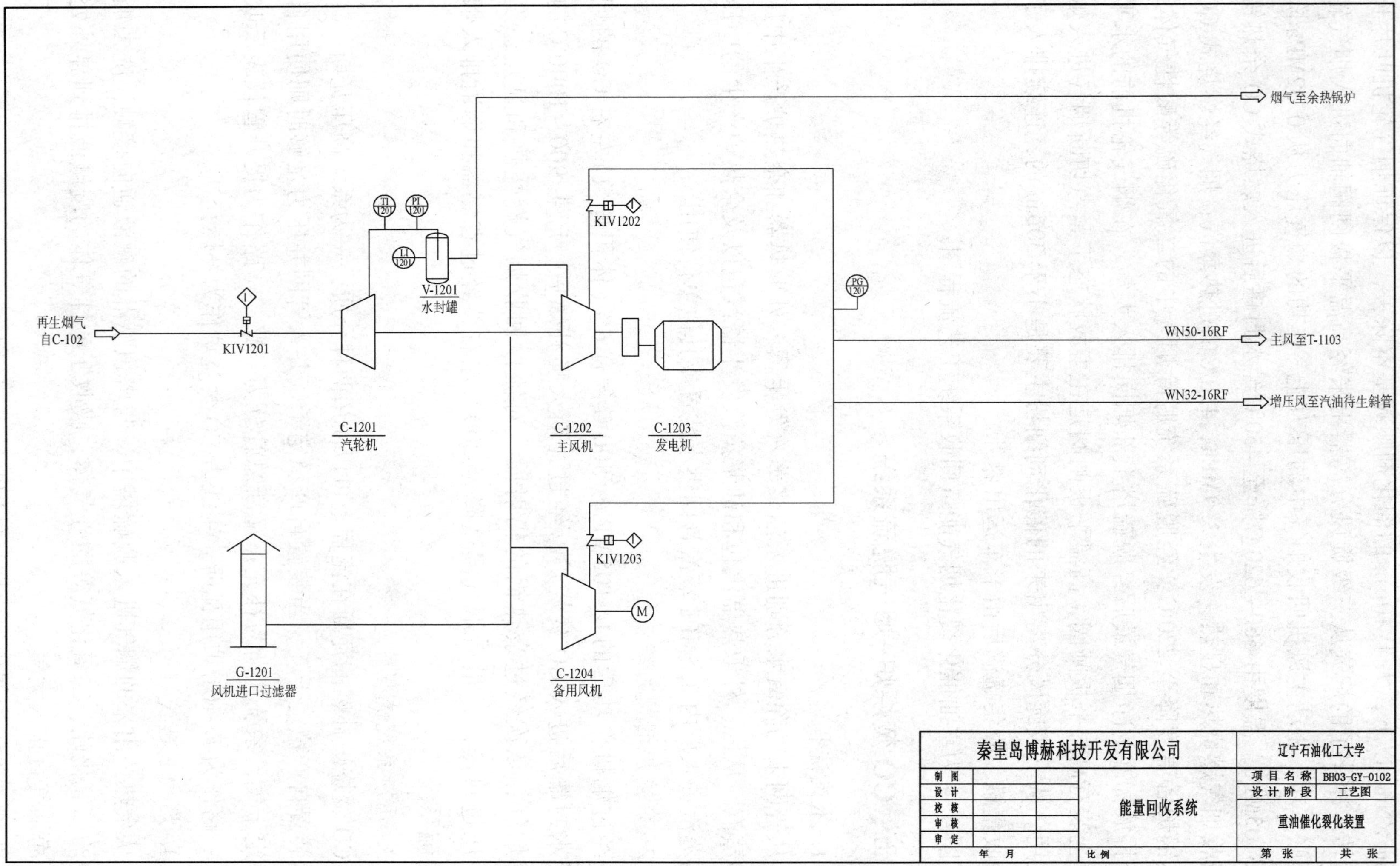

图4-4　重油催化裂化能量回收系统工艺流程图

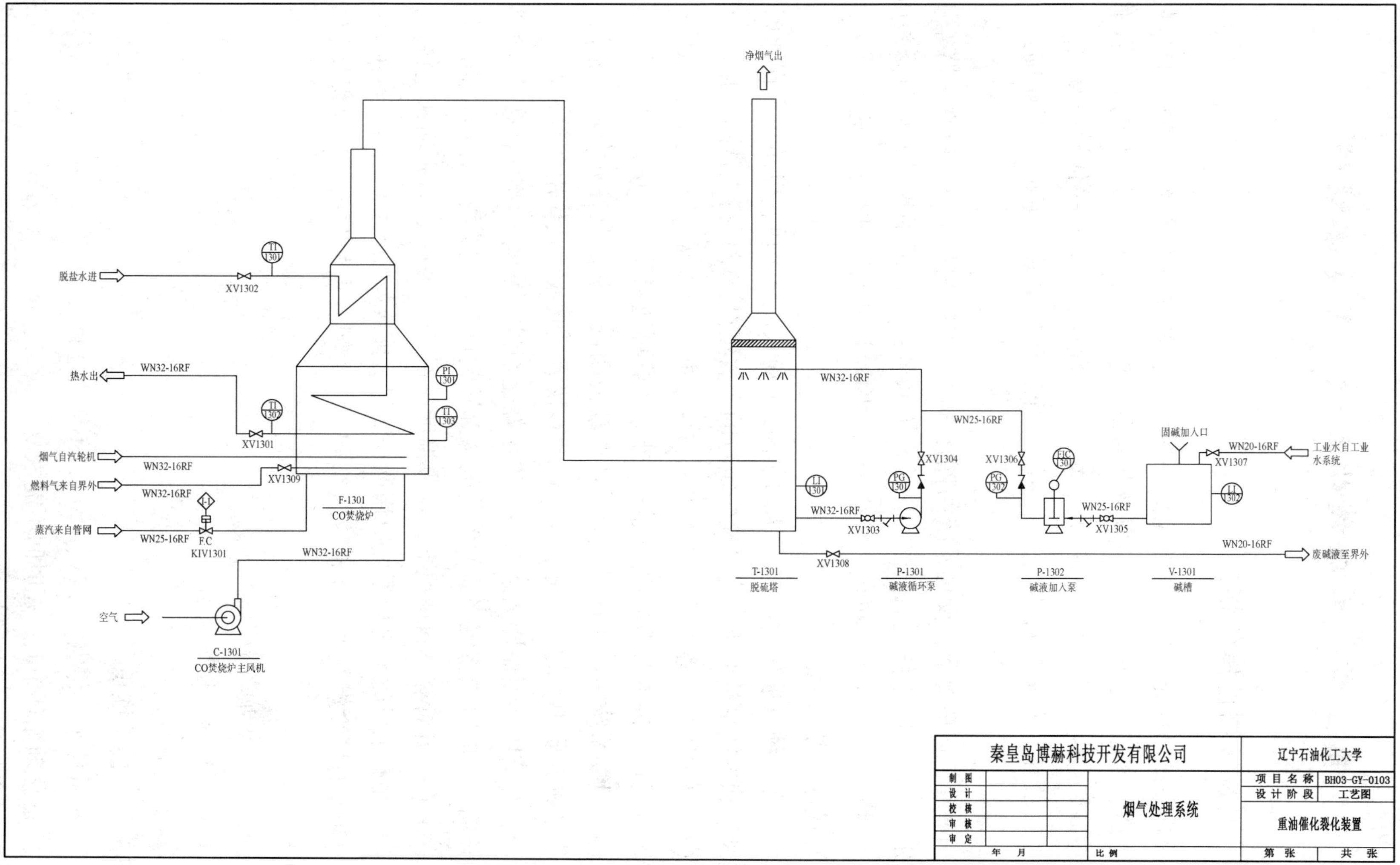

图4-5　重油催化裂化烟气处理系统工艺流程图

第三节　重油催化裂化装置主要操作

一、反应岗位操作指南

反再系统是催化裂化装置的龙头，各个控制参数是否平稳，将对全装置的安全生产、产品产量和产品分布以及装置的经济效益有重要影响。为此，操作人员在搞好温度、压力 、物料三大平衡平稳的前提下，寻求最佳操作参数，做到高效、低耗、安全、清洁生产。系统操作出现异常必须遵循以下原则进行处理：

（1）在任何情况下，反再系统的催化剂藏量不得相互压空。控制两器差压在规定范围内，防止催化剂倒流；保持温度和各部料位的平衡。如果两器差压维持不住时，可迅速关闭再生、待生滑阀，同时切断反应进料通入进料事故蒸汽，装置进入退守状态。

（2）在系统有催化剂存在的情况的下必须通入流化介质，以防止出现死床。若主风量和进料量较低于，应补充一定量的事故蒸汽，以保持正常的流化。

（3）停主风时，必须迅速启用主风自保，并切断两器，通入事故蒸汽维持两器正常流化。再生器不准喷燃烧油，外循环管可适当关小。

（4）只要系统中还存有催化剂，则严禁关闭汽提蒸汽及各分布环的流化介质。当某种介质中断时，尽可能开大松动和仪表反吹或寻找代用介质。

（5）分馏塔必须保持油浆循环，防止催化剂进入分馏塔堵塞塔盘。若油浆循环长期中断时，应将沉降器的催化剂全部转到再生器改为再生器单容器流化。

（6）在提升管有进料情况下，反应温度应不低于480℃；否则切断进料。

（7）在有主风时，再生温度应用燃烧油尽可能维持在550℃左右。再生温度低于350℃时停喷燃烧油，并迅速组织卸剂，关闭各点的吹风、吹汽保持较高的再生温度。

（8）反应切断进料原则

① 严重超温、超压状态。

② 主风中断。

③ 严重的碳堆积。

④ 装置停水、停电、停汽、停风，不能迅速恢复。

⑤ 催化剂循环中断，短时间不能恢复。

⑥ 设备故障，无法维持生产。

⑦ 为保证人身、设备安全时的紧急情况。

⑧ 装置发生火灾、爆炸事故。

二、分馏工段操作指南

(1) 将反应来的高温过热混合油气经脱过热变为饱和态，并且按照油品的沸点范围，分割成各种产品。

(2) 按照产品质量要求及时调整操作，使产品馏出口合格率达 99.5%以上。

(3) 合理的调整分馏系统的物料平衡，热量平衡，调整好各段取热分配，在确保操作平稳，质量合格，安全生产的前提下，最大限度地提高目的产品收率。

(4) 搞好低温余热的利用，努力降低装置能耗。

(5) 保持装置正常平稳操作，不发生影响装置非正常操作或停工事故。

(6) 维持好本岗位所属的设备、仪表、管线操作，保证设备不不超温超压。

三、稳定岗位操作指南

(1) 主要是在控制稳定压力的条件下，用改变塔底温度、回流量及吸收剂量的手段配合水洗进行调节，使产品质量合格。

(2) 从压缩富气中分离出质量合格的干气、液化气，以及稳定汽油。

(3) 生产质量合格的汽油(汽油蒸气压、铜片腐蚀、酸碱性反应)。

(4) 加强脱水，及稳定汽油脱硫醇前温度控制，为产品精制创造条件。

(5) 保持装置正常平稳操作，不发生影响装置非正常操作或停工事故。

(6) 维持好本岗位所属的设备、仪表、管线操作，保证设备不超温超压。

第四节　重油催化裂化主要设备及仪表

一、设备概述

(1) 塔及反应器：塔 7 座(分馏塔、轻柴油汽提塔、吸收塔、再吸收塔、解析塔、稳定塔、脱硫塔)，反应器、再生器各 1 台，

(2) 加热炉及换热器：CO 焚烧炉 1 座，辅助燃烧室 1 台，U 形管式换热器 6 台、浮头式换热器 16 台、重沸器 4 台，表面蒸发空冷器 4 台，外取热器 1 台。

(3) 流体输送设备：离心泵 14 台、立式计量泵 1 台。

(4) 其他通用设备：三级旋风分离器、催化剂储罐顶旋风分离器各 1 台，

空冷风机 4 台、鼓风机 1 台、三机组(汽轮机、主风机、发电机)1 台、备用机组 1 台，压缩机 1 台、下料器 2 台，储罐 9 台。

二、内部结构可视设备清单

表 4-1 为重油催化裂化内部结构可视设备清单。

表 4-1 重油催化裂化内部结构可视设备清单

序号	名称	位号	内部结构	方式
1	重油沉降器	T1102	双溢流浮阀塔盘	可开门
2	第一再生器	T1104	规整填料塔盘	可开门
3	分馏塔	T2101	浮头式换热器	可开门
4	顶循环回流后冷器	E2106	浮头式换热器	可拆卸
5	压缩富气后冷器	E2202	U 形管式换热器	可拆卸

三、主要设备清单

表 4-2 为重油催化裂化主要设备清单。

表 4-2 重油催化裂化主要设备清单

序号	设备编号	设备名称
1	T-1101	提升管反应器
2	T-1102	沉降器
3	T-1103	第二再生器
4	T-1104	第一再生器
5	T-1105	外取热器
6	V-1101	外取热汽包
7	V-1102	三级旋风分离器
8	V-1103	催化剂细粉储槽
9	V-1104	催化剂罐
10	V-1105	催化剂加料斗
11	V-1106	催化剂罐顶旋风分离器
12	F-1101	辅助燃烧室
13	F-1301	CO 焚烧炉
14	T-1301	脱硫塔
15	V-1301	碱槽
16	V-1201	水封罐
17	C-1201	汽轮机
18	C-1202	主风机
19	C-1203	发电机
20	C-1204	备用风机

续表

序号	设备编号	设备名称
21	G-1201	风道过滤器
22	H-2101	新鲜原料混合器
23	V-2101	原料油罐
24	V-2102	回炼油罐
25	T-2101	分馏塔
26	T-2102	轻柴油汽提塔
27	V-2103	分馏塔顶油气分离器
28	V-2104	含硫污水罐
29	C-2201	气压机
30	T-2201	吸收塔
31	T-2202	解吸塔
32	T-2203	再吸收塔
33	T-2204	稳定塔
34	V-2201	气压机出口油气分离器
35	V-2202	稳定塔顶回流油罐
36	V-2105	循环油浆蒸汽汽包

四、主要仪表清单

表 4-3 为重油催化裂化主要仪表清单。

表 4-3　重油催化裂化主要仪表清单

序号	位号	正常值	单位	说明
1	LI-1101	50.00	%	外取热汽包液位
2	LI-1102	50.00	%	催化剂细粉储槽料位
3	LI-1103	50.00	%	催化剂罐料位
4	LI-1104	50.00	%	第一再生器料位
5	LI-1105	50.00	%	第二再生器料位
6	LI-1106	50.00	%	沉降器料位
7	TI-1101	650.00	℃	提升管温度
8	TI-1102	540.00	℃	提升管反应器混合进料温度
9	TI-1103	530.00	℃	提升管反应器温度
10	TI-1104	525.00	℃	提升管反应器温度
11	TI-1105	520.00	℃	提升管反应器温度
12	TI-1106	510.00	℃	反应油气温度
13	TI-1109	660.00	℃	外取热器温度
14	TI-1110	640.00	℃	外取热器温度
15	TI-1111	680.00	℃	第二再生器温度
16	TI-1112	660.00	℃	第二再生器温度
17	TI-1113	675.00	℃	第二再生器温度

续表

序号	位号	正常值	单位	说明
18	TI-1114	680.00	℃	第一再生器温度
19	TI-1115	665.00	℃	第一再生器温度
20	TI-1116	420.00	℃	外取热汽包温度
21	TI-1117	620.00	℃	烟气温度
22	PI-1101	0.23	MPa	烟气压力
23	PI-1102	0.22	MPa	沉降器压力
24	PI-1103	0.25	MPa	第一再生器压力
25	PI-1104	0.38	MPa	外取热汽包压力
26	FIC-1101	102.00	t/h	回炼油流量
27	FIC-1102	101.00	t/h	回流油浆流量
28	FIC-1103	3000.00	Nm^3/h	预提升干气流量
29	LI-1301	50.00	%	脱硫塔液位
30	LI-1302	80.00	%	碱槽液位
31	TI-1301	40.00	℃	脱盐水进口温度
32	TI-1302	90.00	℃	脱盐水出口温度
33	TI-1303	420.00	℃	CO 焚烧炉温度
34	PI-1301	0.03	MPa	CO 焚烧炉压力
35	LIC-2101	50.00	%	原料油罐液位
36	LIC-2102	50.00	%	回炼油罐液位
37	TI-2101	40.00	℃	原料油罐温度
38	TI-2102	200.00	℃	回炼油罐温度
39	PI-2101	0.70	MPa	原料油罐压力
40	PI-2102	0.27	MPa	回炼油罐压力
41	FIC-2101	173.00	t/h	冷蜡油进料流量
42	FIC-2102	30.50	t/h	减压渣油进料流量
43	FI-2102	6.12	t/h	产品油浆流量
44	LIC-2103	50.00	%	分馏塔液位
45	LIC-2104	50.00	%	轻柴油汽提塔液位
46	LIC-2105	50.00	%	分馏塔顶油气分离器液位
47	LIC-2106	50.00	%	分馏塔顶油气分离器界位
48	LIC-2107	50.00	%	含硫污水罐液位
49	TIC-2101	130.00	℃	分馏塔顶循环温度
50	TIC-2102	350.00	℃	分馏塔底温度
51	TIC-2103	320.00	℃	轻柴油汽提塔底温度
52	TIC-2104	210.00	℃	分馏塔一中循环温度
53	TIC-2105	280.00	℃	分馏塔底循环温度
54	TI-2108	40.00	℃	分馏塔顶油气分离器温度
55	PI-2103	0.32	MPa	分馏塔顶压力
56	PI-2104	0.35	MPa	分馏塔底压力

序号	位号	正常值	单位	说明
57	PI-2105	0.32	MPa	轻柴油汽提塔顶压力
58	PI-2106	0.35	MPa	轻柴油汽提塔底压力
59	FI-2101	34.70	t/h	轻柴油出装置流量
60	FI-2103	2.00	t/h	轻柴油汽提塔低压蒸汽流量
61	FIC-2103	37.60	t/h	贫吸收油流量
62	LIC-2201	50.00	%	气压机出口油气分离器液位
63	LIC-2202	50.00	%	气压机出口油气分离器界位
64	LIC-2203	50.00	%	吸收塔液位
65	LIC-2204	50.00	%	解吸塔液位
66	LIC-2205	50.00	%	再吸收塔液位
67	LIC-2206	50.00	%	稳定塔液位
68	LIC-2207	50.00	%	稳定塔顶回流罐液位
69	LIC-2208	50.00	%	稳定塔顶回流罐界位
70	TI-2201	40.00	℃	气压机出口油气分离器温度
71	TI-2202	56.00	℃	解吸塔顶温度
72	TI-2203	122.00	℃	解吸塔底温度
73	TI-2204	85.00	℃	解吸塔温度
74	TI-2205	100.00	℃	解吸塔温度
75	TI-2206	44.00	℃	吸收塔顶温度
76	TI-2207	43.00	℃	吸收塔底温度
77	TI-2208	44.00	℃	吸收塔温度
78	TI-2209	43.00	℃	吸收塔温度
79	TI-2210	44.00	℃	再吸收塔顶温度
80	TI-2211	50.00	℃	再吸收塔底温度
81	TI-2212	60.00	℃	稳定塔顶温度
82	TI-2213	185.00	℃	稳定塔底温度
83	PI-2201	2.20	MPa	气压机出口油气分离器压力
84	PI-2202	2.40	MPa	解吸塔顶压力
85	PI-2203	2.46	MPa	解吸塔底压力
86	PI-2204	1.90	MPa	吸收塔顶压力
87	PI-2205	1.99	MPa	吸收塔底压力
88	PI-2206	1.88	MPa	再吸收塔底压力
89	PI-2207	1.70	MPa	稳定塔底压力
90	PIC-2202	1.83	MPa	再吸收塔顶压力
91	PIC-2201	1.30	MPa	稳定塔顶压力
92	FIC-2201	105.00	t/h	稳定塔回流流量
93	FIC-2202	215.00	t/h	吸收塔一中循环流量
94	FIC-2203	219.00	t/h	吸收塔二中循环流量
95	FI-2201	91.60	t/h	稳定油气出装置流量

第五节　重油催化裂化装置操作规程

一、冷态开车

1. 开工准备

（1）（反应再生岗位）全开备用风机 C-1204 出口阀 KIV-1203。

（2）全开汽轮机 C-1201 入口阀 KIV-1201。

（3）全开待再生滑阀 KIV-1102。

（4）全开再生滑阀 KIV-1101。

（5）全开外取热器上滑阀 KIV-1103。

（6）全开外取热器下滑阀 KIV-1104。

（7）全开半再生滑阀 KIV-1105。

（8）联系风机岗位，启动备用风机 C-1204，向反再送风（吹扫 1h，并进行气密试验）。

（9）全开辅助燃烧室燃料气手动阀 XV-1104。

（10）辅助燃烧室 F-1101 点火，三器升温。

（11）（热工岗位）全开外取热汽包 V-1101 上脱盐水阀 XV-1110。

（12）全开外取热汽包 V-1101 上脱盐水阀入口阀 XV-1112。

（13）全开循环油浆蒸汽汽包 V-2105 上脱盐水阀入口阀 XV-3119。

（14）汽包 V-2105 液位 LI-2101 达 50%后，全开阀门 XV-2150。

（15）全开汽包 V-2105 阀门 XV-3112。

（16）全开蒸汽阀门 XV-3118。

（17）全开建碱液罐 V-1301 上工业水阀 XV-1307。

（18）碱液罐 V-1301 液位 LI-1302 达 80%后，关闭工业水阀 XV-1307，配碱液。

（19）全开碱液泵 P-1302 入口阀 XV-1305。

（20）全开碱液泵 P-1302 出口阀 XV-1306。

（21）启动碱液泵 P-1302，向 T-1301 喷碱液。

（22）T-1301 液位 LI-1301 达 50%后，全开碱液泵 P-1301 入口阀XV-1303。

（23）启动碱液泵 P-1301。

（24）全开碱液泵 P-1301 出口阀 XV-1304，碱液打循环。

（25）停碱液泵 P-1302。

2. 建、切汽封

（26）（反再岗位）当二再温度 TI-1111 升至 540℃后，关闭待再生滑阀KIV-1102。

（27）关闭再生滑阀 KIV-1101。

（28）全开流化蒸汽阀 XV-1102，大量给汽赶空气。

（29）反应赶空气结束后，全开截止阀 XV-1113。

（30）全开分馏塔 T-2101 入口阀 XV-2105，将沉降器蒸汽引入分馏塔，分馏系统建立汽封。

（31）全开分馏塔 T-2101 塔顶 E-2103 入口阀 XV-2106。

（32）全开分馏塔 T-2101 塔顶 A-2101 入口阀 XV-2107。

（33）全开分馏塔 T-2101 塔顶 A-2101 出口阀 XV-2108。

（34）全开分馏塔 T-2101 塔顶 E-2104 出口阀 XV-2109，蒸汽经塔油气冷却器、空冷、油气冷凝器，最后由塔顶油气分离器排除。

（35）全开原料油罐 V-2101 顶阀门 XV-2123。

（36）蜡油线、渣油线吹扫预热后，打开减压渣油进料阀 FIC-2102，开度 50%。

（37）全开原料油罐 V-2101 进料阀 XV-2101，向装置内引渣油。

（38）打开分馏塔 T-2101 塔底蒸汽控制阀 TIC-2102，分馏塔 T-2101 底给汽，开度 50%。

3. 反再系统升温，装剂；分馏系统引油循环

（39）（反再岗位）关闭外取热器上滑阀 KIV-1103。

（40）关闭外取热器下滑阀 KIV-1104。

（41）关闭半再生滑阀 KIV-1105。

（42）全开 XV-1106，向管线送风。

（43）全开 XV-1105，送催化剂。

（44）全开下料器 C-1102。

（45）当催化剂贮罐 V-1104 料位 LI-1103 达 50%后，全开阀门 XV-1108，启用大型加料线向二再加入催化剂。

（46）当一再料位 LI-1104 达 50%后，缓慢全开半再生滑阀 KIV-1105，向二再转剂。

（47）（分馏岗位）打开蜡油进料阀 FIC-2101，开度 50%，引蜡油进原料油

缓冲罐 V-2101。

（48）全开提升管进料泵 P-2101 入口阀 XV-2102。

（49）启动提升管进料泵 P-2101。

（50）全开提升管进料泵 P-2101 出口阀 XV-2103。

（51）打开原料油缓冲罐 V-2101 液位调节阀 LIC-2101，开度 50%。

（52）全开 E-2101 出口阀 XV-2104，通过补油线，引蜡油进回炼油罐V-2102。

（53）全开回炼油罐 V-2102 顶阀门 XV-2124。

（54）当回炼油罐 V-2102 液位 LIC-2102 到 50%时，全开回炼油泵 P-2102 入口阀 XV-2137。

（55）启动回炼油泵 P-2102。

（56）全开回炼油泵 P-2102 出口阀 XV-2138。

（57）打开回炼油罐 V-2102 液位调节阀 LIC-2102，开度 50%，向分馏塔装油。

（58）全开分馏塔 T-2101 底油浆泵 P-2103 入口阀 XV-2139。

（59）启动分馏塔 T-2101 底油浆泵 P-2103。

（60）全开分馏塔 T-2101 底油浆泵 P-2102 出口阀 XV-2140。

（61）打开分馏塔 T-2101 底循环温度调节阀 TIC-2105，开度 50%。

（62）全开 E-2110 出口阀 XV-2141。

（63）全开 E-2101 出口阀 XV-2142。

（64）全开 E-2111 出口阀 XV-2143，建立分馏塔底油浆循环。

（65）分馏塔 T-2101 液位 LIC-2103 到 50%后，全开 E-2113 出口阀XV-2145。

（66）打开分馏塔 T-2101 液位调节阀 LIC-2103，开度 50%，油浆系统循环改为从分馏塔底抽出。

（67）全开 XV-3116，引换热水进换热器 E-2103。

（68）全开 XV-3115，引换热水进换热器 E-2105。

（69）全开 XV-3117，引换热水进换热器 E-2112，建立换热水循环。

（70）(热工岗位)启动风机 C-1301。

（71）全开 XV-1309 引瓦斯。

（72）分析合格后按规程点炉 F-1301。

（73）全开脱盐水出口阀 XV-1301。

（74）全开脱盐水入口阀 XV-1302，烟气并入后，调节减温水，防止过热蒸汽超温。

（75）T-1301 进烟后，适时全开废碱液阀 XV-1308 排废碱液。

（76）启动碱液泵 P-1302。

（77）调节 FIC-1301 至 50%，维持 T-1302 液位。

4. 转催化剂，三器流化

（78）(反再岗位)全开增压风阀 XV-1103。

（79）全开再生滑阀 KIV-1101，向提升管转剂。

（80）打开预提升干气流量控制阀 FIC-1103，开度 50%。

（81）当沉降器料位 LI-1106 达到 20%时，全开待生滑阀 KIV-1102，将催化剂转回一再。

（82）当一再上料位、二再上料位、沉降器上料位达标后，关闭 XV-1108，停止大型加料。

（83）关闭阀门 XV-1105。

（84）关闭阀门 XV-1106。

（85）关闭下料器 C-1102。

（86）(分馏岗位)启用空冷器 A-2101。

（87）全开阀门 XV-3101，引循环水进换热器 E-2104。

（88）全开阀门 XV-3102，引循环水进换热器 E-2106。

（89）全开阀门 XV-3103，引循环水进换热器 E-2109。

（90）全开阀门 XV-3104，引循环水进换热器 E-2113。

（91）全开阀门 XV-3114，引低温脱氧水进换热器 E-2108。

（92）(吸收稳定岗位)全开阀门 XV-3110，引低温脱氧水进换热器E-2201。

（93）全开阀门 XV-3108，引低温脱氧水进换热器 E-2203。

（94）全开阀门 XV-3109，引低温脱氧水进换热器 E-2204。

（95）全开阀门 XV-3111，引低温脱氧水进换热器 E-2210。

（96）全开阀门 XV-3105，引循环水进换热器 E-2202。

（97）全开阀门 XV-3106，引循环水进换热器 E-2211。

（98）全开阀门 XV-3107，引循环水进换热器 E-2212。

5. 反应喷油，调整分馏塔，吸收稳定建立三循环

（99）(反再岗位)当提升管温度 TI-1101 升到 630℃后，全开原料喷嘴手阀 XV-1101。

（100）全开原料油喷嘴 KIV-1106，控制喷油速度。

（101）全开回炼油罐 V-2102 阀门 XV-2125，进料改为回炼油。

（102）全开主风机 C-1203 出口阀 KIV-1202。

（103）联系风机岗位，启动主风机组电机 C-1203。

（104）停备用风机 C-1204。

（105）关闭备用风机 C-1204 出口阀 KIV-1203。

（106）全开下料器 C-1101。

（107）(分馏岗位)反应喷油后，全开分馏塔 T-2101 顶循环回流泵 P-2105 入口阀 XV-2116。

（108）启动分馏塔 T-2101 顶循环回流泵 P-2105。

（109）全开分馏塔 T-2101 顶循环回流泵 P-2105 出口阀 XV-2117。

（110）全开 E-2105 出口阀 XV-2119。

（111）全开 E-2106 出口阀 XV-2118。

（112）打开分馏塔 T-2101 顶循环温度调节阀 TIC-2101 至 50%，建立顶循环回流。

（113）全开分馏塔 T-2101 一中循环回流泵 P-2104 入口阀 XV-2120。

（114）启动分馏塔 T-2101 一中循环回流泵 P-2104。

（115）全开分馏塔 T-2101 一中循环回流泵 P-2104 出口阀 XV-2121。

（116）打开分馏塔 T-2101 一中循环温度调节阀 TIC-2104 至 50%。

（117）全开 E-2110 入口阀 XV-2122。

（118）全开 E-2213 出口阀 XV-2235。

（119）全开 E-2207 出口阀 XV-2215。

（120）全开 E-2101 入口阀 XV-2146。

（121）全开 E-2101 出口阀 XV-2147。

（122）全开 E-2112 出口阀 XV-2148，建立一中循环回流。

（123）当分馏塔 T-2101 顶油气分离器 V-2103 油位 LIC-2105 达到 50%后，全开粗汽油泵 P-2107 入口阀 XV-2111。

（124）启动粗汽油泵 P-2107。

（125）全开粗汽油泵 P-2107 出口阀 XV-2112。

（126）打开粗汽油调节阀 LIC-2105 至 50%，将粗汽油送至吸收塔。

（127）轻柴馏出口温度 TI-2105 达到 250℃后，全开轻柴馏出阀 XV-2126。

（128）打开汽提蒸汽调节阀 TIC-2103 至 50%。

（129）当汽提塔 T-2102 液位 LIC-2104 达到 50%，全开轻柴油泵 P-2106 入口阀 XV-2127。

（130）启动轻柴油泵 P-2106。

（131）全开轻柴油泵 P-2106 出口阀 XV-2128。

（132）全开 E-2208 出口阀 XV-2216。

（133）全开 E-2107 出口阀 XV-2130。

（134）全开 E-2108 出口阀 XV-2131。

（135）全开 A-2102 入口阀 XV-2132。

（136）全开 A-2102 出口阀 XV-2133。

（137）打开轻柴油出装置调节阀 LIC-2104 至 50%，外送轻柴油。

（138）启用空冷器 A-2102。

（139）（吸收稳定岗位）打开吸收塔 T-2201 液位调节阀 LIC-2203，开度 50%。

（140）全开阀门 XV-2206，V-2201 建立液位。

（141）全开解吸塔 T-2202 进料泵 P-2201 入口阀 XV-2208。

（142）启动解吸塔 T-2202 进料泵 P-2201。

（143）全开解吸塔 T-2202 进料泵 P-2201 出口阀 XV-2209。

（144）打开 V-2201 液位调节阀 LIC-2201，开度 50%。

（145）全开阀门 XV-2210，解吸塔建立液位。

（146）打开解吸塔 T-2202 液位调节阀 LIC-2204，开度 50%。

（147）全开阀门 XV-2231，稳定塔建立液位。

（148）全开稳定塔 T-2204 塔底 E-2209 出口阀 XV-2236。

（149）全开稳定塔 T-2204 塔底 E-2206 出口阀 XV-2237。

（150）全开稳定塔 T-2204 塔底 E-2205 出口阀 XV-2238。

（151）全开稳定塔 T-2204 塔底 E-2210 出口阀 XV-2239。

（152）全开稳定塔 T-2204 塔底 E-2211 出口阀 XV-2240。

（153）全开补充吸收剂泵 P-2204 入口阀 XV-2226。

（154）启动补充吸收剂泵 P-2204。

（155）全开补充吸收剂泵 P-2204 出口阀 XV-2227，建立三塔强制循环。

6. 调整反应进料，开气压机

（156）（反再岗位）打开 FIC-1102，开度 50%，投用回炼油喷嘴。

（157）全开 E-2111 出口回流油浆至 T-1101 阀门 XV-2144。

（158）打开 FIC-1101，开度 50%，投用回炼油浆喷嘴。

（159）逐渐关小燃料气阀 XV-1104 直至关闭。

（160）全开外取热器上滑阀 KIV-1103。

（161）全开外取热器下滑阀 KIV-1104，投用外取热器。

（162）全开外取热器蒸汽出装置阀门 XV-1109。

（163）全开外取热器包出口阀门 XV-1111，将产生的蒸汽送出装置。

（164）（分馏岗位）全开分馏塔 T-2101 顶油气分离器 V-2103 出口阀门XV-2110。

（165）全开气压机 C-2201 入口阀门 XV-2201。

（166）全开气压机 C-2201 出口阀门 XV-2202。

（167）全开空冷器 A-2201 入口阀门 XV-2203。

（168）全开空冷器 A-2201 出口阀门 XV-2204。

（169）启用空冷器 A-2201。

（170）全开 E-2201 入口阀 XV-2205。

（171）吸收稳定系统具备接收富气条件，联系机组岗位开气压机 C-2201。

（172）（吸收稳定岗位）全开气压机出口油气分离器 V-2201 顶阀门 XV-2207，吸收稳定系统升压。

（173）全开阀门 XV-2214，解吸塔底重沸器 E-2207 投用。

（174）全开阀门 XV-2213，解吸塔底重沸器 E-2208 投用，提高解吸塔温度。

（175）全开解吸塔 T-2202 顶出口阀 XV-2211。

（176）全开阀门 XV-2234，稳定塔 T-2204 重沸器 E-2213 投用，提高稳定塔底温度。

（177）全开稳定塔 T-2204 顶出口阀 XV-2228。

（178）全开稳定塔 T-2204 顶回流罐 V-2202 入口阀门 XV-2229。

（179）全开吸收塔 T-2201 一中循环泵 P-2202 入口阀 XV-2217。

（180）启动吸收塔 T-2201 一中循环泵 P-2202。

（181）全开吸收塔 T-2201 一中循环泵 P-2202 出口阀 XV-2218。

（182）打开吸收塔 T-2201 一中循环流量调节阀 FIC-2202 至 50%。

（183）全开吸收塔 T-2201 一中循环入口阀 XV-2219。

（184）全开吸收塔 T-2201 二中循环泵 P-2203 入口阀 XV-2220。

（185）启动吸收塔 T-2201 二中循环泵 P-2203。

（186）全开吸收塔 T-2201 二中循环泵 P-2203 出口阀 XV-2221。

（187）打开吸收塔 T-2201 二中循环流量调节阀 FIC-2203 至 50%。

（188）全开吸收塔 T-2201 二中循环入口阀 XV-2222。

（189）全开再吸收塔 T-2203 贫气进口阀 XV-2224。

（190）全开 A-2103 入口阀 XV-2134。

（191）全开 A-2103 出口阀 XV-2135。

（192）启用空冷器 A-2103。

（193）全开 E-2109 出口阀 XV-2136。

（194）打开贫吸收油流量调节阀 FIC-2103，开度 50%。

（195）全开再吸收塔 T-2203 贫吸收油进口阀 XV-2223，建立再吸收塔贫吸收剂。

（196）打开再吸收塔 T-2203 液位调节阀 LIC-2205，开度 50%。

（197）全开阀门 XV-2129，控制再吸收塔液位。

（198）全开阀门 XV-2212，建立解吸塔中间重沸器。

（199）全开稳定塔 T-2204 顶回流泵 P-2205 入口阀 XV-2232。

（200）启动稳定塔 T-2204 顶回流泵 P-2205。

（201）全开稳定塔 T-2204 顶回流泵 P-2205 出口阀 XV-2233。

（202）打开稳定塔 T-2204 顶回流调节阀 FIC-2201 至 50%，投用稳定塔顶回流。

7. 开工收尾

（203）当催化剂细分贮罐料位 LI-1102 超过 80%后，全开 XV-1107，将催化剂细分送出装置。

（204）当催化剂细分贮罐料位 LI-1102 降至 20%时，关闭 XV-1107。

（205）（催化剂细分贮罐料位 LI-1102 缓慢上涨至 80%时，全开 XV-1107，将催化剂细分送出装置）。

（206）干气检验合格后，打开再吸收塔 T-2203 压力调节阀 PIC-2202 至 50%。

（207）全开稳定塔 T-2204 顶回流罐 V-2202 出口阀门 XV-2230。

（208）打开稳定塔 T-2204 压力调节阀 PIC-2201 至 50%。

（209）稳定油气检验合格后，打开稳定塔 T-2204 液位调节阀 LIC-2206 至 50%。

（210）液化石油气检验合格后，打开 V-2202 液位调节阀 LIC-2207 至 50%。

（211）全开酸性水入口阀门 XV-2113。

（212）打开分馏塔顶油气分离器 V-2103 分水罐界位调节阀 LIC-2106 至 50%，将污水送至含硫氢污水罐 V-2104。

（213）打开 V-2201 分水罐界位调节阀 LIC-2202 至 50%，将污水送至含硫氢污水罐 V-2104。

（214）打开 V-2202 分水罐界位调节阀 LIC-2208 至 50%，将污水送至含硫氢污水罐 V-2104。

（215）全开污水泵 P-2108 入口阀 XV-2114。

（216）启动污水泵 P-2108。

（217）全开污水泵 P-2108 出口阀 XV-2115。

（218）打开含硫氢污水罐 V-2104 液位调节阀 LIC-2107 至 50%，将污水送出装置。

8. 调节各单元操作参数

（219）(反再岗位)回炼油流量调节阀 FIC-1101，投自动，设为 102t/h。

（220）回流油浆流量调节阀 FIC-1102，投自动，设为 101t/h。

（221）（分馏岗位）减压渣油进料调节阀 FIC-2102，投自动，设为30. 5t/h。

（222）蜡油进料调节阀 FIC-2101，投自动，设为 173t/h。

（223）分馏塔 T-2101 顶循环温度调节阀 TIC-2101，投自动，设为 130℃。

（224）分馏塔 T-2101 塔底温度调节阀 TIC-2102，投自动，设为 350℃。

（225）汽提塔温度调节阀 TIC-2103，投自动，设为 320℃。

（226）原料油缓冲罐 V-2101 液位调节阀 LIC-2101，投自动，设为 50%。

（227）回炼油罐 V-2102 液位调节阀 LIC-2102，投自动，设为 50%。

（228）分馏塔 T-2101 液位调节阀 LIC-2103，投自动，设为 50%。

（229）轻柴油出装置调节阀 LIC-2104，投自动，设为 50%。

（230）分馏塔 T-2101 顶油气分离器 V-2103 油位 LIC-2105，投自动，设为 50%。

（231）(吸收稳定岗位)贫吸收油流量调节阀 FIC-2103，投自动，设为 37. 6t/h。

（232）吸收塔 T-2201 一中循环流量调节阀 FIC-2202，投自动，设为 215t/h。

（233）吸收塔 T-2201 二中循环流量调节阀 FIC-2203，投自动，设为 219t/h。

（234）再吸收塔 T-2203 压力调节阀 PIC-2202，投自动，设为 1. 83MPa。

（235）稳定塔 T-2204 压力调节阀 PIC-2201，投自动，设为 1. 3MPa。

（236）V-2201 液位调节阀 LIC-2201，投自动，设为 50%。

（237）吸收塔 T-2201 液位调节阀 LIC-2203，投自动，设为 50%。

（238）解吸塔 T-2202 液位调节阀 LIC-2204，投自动，设为 50%。

(239) 再吸收塔 T-2203 液位调节阀 LIC-2205，投自动，设为 50%。

(240) 稳定塔 T-2204 液位调节阀 LIC-2206，投自动，设为 50%。

(241) V-2202 液位调节阀 LIC-2207，投自动，设为 50%。

9. 质量指标

(242)（反再岗位）反应温度 TI-1106。

(243) 再生压力 PI-1103。

(244) 沉降器压力 PI-1102。

(245) 回炼油流量 FIC-1101。

(246) 回流油浆流量 FIC-1102。

(247)（分馏岗位）冷蜡油进料 FIC-2101。

(248) 减压渣油进料 FIC-2102。

(249) 分馏塔 T-2101 顶循环温度 TIC-2101。

(250) 分馏塔 T-2101 塔底温度 TIC-2102。

(251) 汽提塔温度 TI-2107。

(252) 分馏塔 T-2101 一中循环温度 TIC-2104。

(253) 分馏塔 T-2101 底循环温度 TIC-2105。

(254) 分馏塔 T-2101 液位 LIC-2103。

(255)（吸收稳定岗位）吸收塔 T-2201 塔底温度 TI-2207。

(256) 再吸收塔 T-2203 塔底温度 TI-2212。

(257) 解吸塔 T-2202 塔底温度 TI-2203。

(258) 稳定塔 T-2204 塔底温度 TI-2213。

(259) 再吸收塔 T-2203 压力 PIC-2202。

(260) 稳定塔 T-2204 压力 PIC-2201。

(261) 吸收塔 T-2201 液位 LIC-2203。

(262) 解吸塔 T-2202 液位 LIC-2204。

(263) 再吸收塔 T-2203 液位 LIC-2205。

(264) 稳定塔 T-2204 液位 LIC-2206。

二、正常运行

质量指标

(265)（反再岗位）反应温度 TI-1106。

(266) 再生压力 PI-1103。

(267) 沉降器压力 PI-1102。

(268) 回炼油流量 FIC-1101。
(269) 回流油浆流量 FIC-1102。
(270) (分馏岗位)冷蜡油进料 FIC-2101。
(271) 减压渣油进料 FIC-2102。
(272) 分馏塔 T-2101 顶循环温度 TIC-2101。
(273) 分馏塔 T-2101 塔底温度 TIC-2102。
(274) 汽提塔温度 TI-2107。
(275) 分馏塔 T-2101 一中循环温度 TIC-2104。
(276) 分馏塔 T-2101 底循环温度 TIC-2105。
(277) 分馏塔 T-2101 液位 LIC-2103。
(278) (吸收稳定岗位)吸收塔 T-2201 塔底温度 TI-2207。
(279) 再吸收塔 T-2203 塔底温度 TI-2212。
(280) 解吸塔 T-2202 塔底温度 TI-2203。
(281) 稳定塔 T-2204 塔底温度 TI-2213。
(282) 再吸收塔 T-2203 压力 PIC-2202。
(283) 稳定塔 T-2204 压力 PIC-2201。
(284) 吸收塔 T-2201 液位 LIC-2203。
(285) 解吸塔 T-2202 液位 LIC-2204。
(286) 再吸收塔 T-2203 液位 LIC-2205。
(287) 稳定塔 T-2204 液位 LIC-2206。

三、正常停车

1. 反应降量、降压

(288) 全开备用风机 C-1204 出口阀 KIV-1203。
(289) 联系风机岗位，启动备用风机 C-1204(将主风机切换到备用风机)。
(290) 停主风机组电机 C-1203。
(291) 停主风机 C-1203 出口阀 KIV-1202。
(292) 关闭预提升干气流量控制阀 FIC-1103。
(293) 关小蜡油进料阀 FIC-2101，开度设为 30%。
(294) 关小减压渣油进料阀 FIC-2102，开度设为 30%。
(295) 关小原料油缓冲罐 V-2101 液位调节阀 LIC-2101，开度设为 30%。
(296) 关闭回炼油浆流量调节阀 FIC-1101。
(297) 关闭回炼油流量调节阀 FIC-1102，联系机组，按规程主风机降风量。

2. 切断进料、停气压机

(298) 关闭蜡油进料阀 FIC-2101。

(299) 关闭减压渣油进料阀 FIC-2102。

(300) 关闭原料油罐 V-2101 进料阀 XV-2101。

(301) 关闭原料喷嘴手阀 XV-1101。

(302) 关闭原料油喷嘴 KIV-1106。

(303) 联系机组岗位停气压机 C-2201。

3. 卸剂

(304) 全开卸料阀 XV-1114。

(305) 沉降器催化剂卸完(LI-1106 为 0), 关闭待再生滑阀 KIV-1102。

(306) 第一再生器催化剂卸完(LI-1104 为 0), 关闭半再生滑阀 KIV-1105。

(307) 关闭再生滑阀 KIV-1101。

(308) 关闭外取热器上滑阀 KIV-1103。

(309) 关闭外取热器下滑阀 KIV-1104。

(310) 关闭外取热汽包 V-1101 上脱盐水阀 XV-1110。

(311) 关闭外取热汽包 V-1101 上脱盐水阀入口阀 XV-1112。

(312) 停止产汽后, 关闭外取热器包出口阀门 XV-1111。

(313) 关闭外取热器蒸汽出装置阀门 XV-1109。

(314) 关闭流化蒸汽阀 XV-1102。

(315) 关闭增压风阀 XV-1103。

(316) 联系风机岗位, 停备用风机 C-1204。

(317) 关闭备用风机出口阀 KIV-1203。

(318) 关闭阀门 XV-1309, 停止引瓦斯。

(319) 停炉 F-1301。

(320) 停风机 C-1301。

(321) 关闭汽轮机 C-1201 入口阀 KIV-1201。

4. 分馏岗位停工

(322) 关闭分馏塔塔底蒸汽控制阀 TIC-2102。

(323) 关闭汽提蒸汽调节阀 TIC-2103。

(324) 关闭反应油气阀门 XV-2105。

(325) 关闭回炼油至 V-2102 阀门 XV-2125。

(326) 全开分馏塔液位调节阀 LIC-2103, 并改走不合格油浆管线。

（327）全开轻柴油出装置调节阀 LIC-2104，并改走不合格轻柴油管线。

（328）当原料油缓冲罐 V-2101 液位 LIC-2101 降为 0 时，关闭提升管进料泵 P-2101 出口阀 XV-2103。

（329）停提升管进料泵 P-2101。

（330）关闭提升管进料泵 P-2101 入口阀 XV-2102。

（331）关闭原料油缓冲罐 V-2101 液位调节阀 LIC-2101。

（332）关闭 E-2101 出口阀 XV-2104。

（333）当回炼油罐 V-2102 液位 LIC-2102 降为 0%时，关闭回炼油泵 P-2102 出口阀 XV-2138。

（334）停回炼油泵 P-2102。

（335）关闭回炼油泵 P-2102 入口阀 XV-2137。

（336）关闭回炼油罐 V-2102 液位调节阀 LIC-2102。

（337）关闭轻柴馏出阀 XV-2126。

（338）停空冷器 A-2103。

（339）关闭 A-2103 入口阀 XV-2134。

（340）关闭 A-2103 出口阀 XV-2135。

（341）关闭 E-2109 出口阀 XV-2136。

（342）关闭贫吸收油流量调节阀 FIC-2103。

（343）全开再吸收塔液位调节阀 LIC-2205，将 T-2203 油全部送至 T-2101 内。

（344）关闭分馏塔 T-2101 顶循环回流泵 P-2105 出口阀 XV-2117。

（345）停分馏塔 T-2101 顶循环回流泵 P-2105。

（346）关闭分馏塔 T-2101 顶循环回流泵 P-2105 入口阀 XV-2116。

（347）关闭 E-2105 出口阀 XV-2119。

（348）关闭 E-2106 出口阀 XV-2118。

（349）关闭分馏塔 T-2101 顶循环温度调节阀 TIC-2101。

（350）关闭分馏塔 T-2101 一中循环回流泵 P-2104 出口阀 XV-2121。

（351）停分馏塔 T-2101 一中循环回流泵 P-2104。

（352）关闭分馏塔 T-2101 一中循环回流泵 P-2104 入口阀 XV-2120。

（353）关闭分馏塔 T-2101 一中循环温度调节阀 TIC-2104。

（354）关闭 E-2110 入口阀 XV-2122。

（355）关闭 E-2213 出口阀 XV-2235。

（356）关闭 E-2207 出口阀 XV-2215。

（357）关闭 E-2101 入口阀 XV-2146。

（358）关闭 E-2101 出口阀 XV-2147。

（359）关闭 E-2112 出口阀 XV-2148。

（360）停空冷器 A-2101。

（361）关闭分馏塔 T-2101 顶 E-2103 入口阀 XV-2106。

（362）关闭分馏塔 T-2101 顶 A-2101 入口阀 XV-2107。

（363）关闭分馏塔 T-2101 顶 A-2101 出口阀 XV-2108。

（364）关闭分馏塔 T-2101 顶 E-2104 出口阀 XV-2109。

（365）当分馏塔 T-2101 顶油气分离器 V-2103 油位 LIC-2105 降为 0%，关闭粗汽油泵 P-2107 出口阀 XV-2112。

（366）停粗汽油泵 P-2107。

（367）关闭粗汽油泵 P-2107 入口阀 XV-2111。

（368）关闭粗汽油调节阀 LIC-2105。

（369）停空冷器 A-2201。

（370）关闭分馏塔 T-2101 顶油气分离器 V-2103 出口阀门 XV-2110。

（371）关闭气压机 C-2201 入口阀门 XV-2201。

（372）关闭气压机 C-2201 出口阀门 XV-2202。

（373）关闭空冷器 A-2201 入口阀门 XV-2203。

（374）关闭空冷器 A-2201 出口阀门 XV-2204。

（375）关闭 E-2201 入口阀 XV-2205。

（376）停空冷器 A-2102。

（377）当汽提塔 T-2102 液位 LIC-2104 降为 0%，关闭轻柴油泵 P-2106 出口阀 XV-2128。

（378）停轻柴油泵 P-2106。

（379）关闭轻柴油泵 P-2106 入口阀 XV-2127。

（380）关闭 E-2208 出口阀 XV-2216。

（381）关闭 E-2107 出口阀 XV-2130。

（382）关闭 E-2108 出口阀 XV-2131。

（383）关闭 A-2102 入口阀 XV-2132。

（384）关闭 A-2102 出口阀 XV-2133。

（385）关闭轻柴油出装置调节阀 LIC-2104。

5. 稳定岗位停工

（386）全开稳定塔 T-2204 液位调节阀 LIC-2206，并改走不合格汽油管线。

(387) 关闭补充吸收剂泵 P-2204 出口阀 XV-2227。

(388) 关闭补充吸收剂泵 P-2204。

(389) 关闭补充吸收剂泵 P-2204 入口阀 XV-2226，补充吸收剂停进T-2201。

(390) 关闭油气分离器 V-2201 顶阀门 XV-2207。

(391) 全开吸收塔液位调节阀 LIC-2203，将 T-2201 油全部送至 V-2201 内。

(392) 吸收塔液位 LIC-2203 降为 0 后，关闭吸收塔一中循环泵 P-2202 出口阀 XV-2218。

(393) 关闭吸收塔一中循环泵 P-2202。

(394) 关闭吸收塔一中循环泵 P-2202 入口阀 XV-2217。

(395) 关闭吸收塔一中循环流量调节阀 FIC-2202。

(396) 关闭吸收塔一中循环入口阀 XV-2219。

(397) 关闭吸收塔二中循环泵 P-2203 出口阀 XV-2221。

(398) 关闭吸收塔二中循环泵 P-2203。

(399) 关闭吸收塔二中循环泵 P-2203 入口阀 XV-2220。

(400) 关闭吸收塔二中循环流量调节阀 FIC-2203。

(401) 关闭吸收塔二中循环入口阀 XV-2222。

(402) 关闭吸收塔液位调节阀 LIC-2203。

(403) 关闭阀门 XV-2206。

(404) 全开 V-2201 液位调节阀 LIC-2201，将 V-2201 油全部送至 T-2202 内。

(405) V-2201 液位 LIC-2201 降为 0 后，关闭解吸塔进料泵 P-2201 出口阀 XV-2209。

(406) 关闭解吸塔进料泵 P-2201。

(407) 关闭解吸塔进料泵 P-2201 入口阀 XV-2208。

(408) 关闭 V-2201 液位调节阀 LIC-2201。

(409) 关闭阀门 XV-2210。

(410) 全开解吸塔液位调节阀 LIC-2204，将 T-2202 油全部送至稳定塔 T-2204 内。

(411) 关闭稳定塔顶回流调节阀 FIC-2201，停稳定塔顶回流。

(412) 全开 V-2202 液位调节阀 LIC-2207，将液化汽全部送至产品精制。

(413) 当解吸塔 T-2202 液位 LIC-2204 降为 0 时，关闭液位调节阀LIC-2204。

（414）关闭阀门 XV-2231。

（415）当稳定塔 T-2204 液位 LIC-2206 降为 0 时，关闭液位调节阀LIC-2206。

（416）关闭稳定塔 T-2204 塔底 E-2209 出口阀 XV-2236。

（417）关闭稳定塔 T-2204 塔底 E-2206 出口阀 XV-2237。

（418）关闭稳定塔 T-2204 塔底 E-2205 出口阀 XV-2238。

（419）关闭稳定塔 T-2204 塔底 E-2210 出口阀 XV-2239。

（420）关闭稳定塔 T-2204 塔底 E-2211 出口阀 XV-2240。

（421）当 V-2202 液位 LIC-2207 降为 0 时，关闭稳定塔顶回流泵 P-2205 出口阀 XV-2233。

（422）关闭稳定塔顶回流泵 P-2205。

（423）关闭稳定塔顶回流泵 P-2205 入口阀 XV-2232。

（424）关闭 V-2202 液位调节阀 LIC-2207。

（425）当再吸收塔液位调节阀 LIC-2205 降为 0 时，关闭液位阀 LIC-2205。

（426）关闭 E-2107 出口阀 XV-2129。

（427）当分馏塔 T-2101 液位 LIC-2103 降为 0 时，关闭分馏塔 T-2101 底油浆泵 P-2102 出口阀 XV-2140。

（428）停分馏塔 T-2101 底油浆泵 P-2103。

（429）关闭分馏塔 T-2101 底油浆泵 P-2103 入口阀 XV-2139。

（430）关闭分馏塔 T-2101 底循环温度调节阀 TIC-2105。

（431）关闭 E-2110 出口阀 XV-2141。

（432）关闭 E-2101 出口阀 XV-2142。

（433）关闭 E-2111 出口阀 XV-2143。

（434）关闭 E-2111 出口阀 XV-2145。

（435）关闭分馏塔 T-2101 液位调节阀 LIC-2103。

6. 停工收尾

（436）关闭分馏塔 T-2101 液位调节阀 LIC-2103。

（437）关闭卸料阀 XV-1114。

（438）关闭下料器 C-1101。

（439）全开催化剂细分送出装置阀门 XV-1107。

（440）关闭截止阀 XV-1113。

（441）停碱液泵 P-1302。

（442）关闭碱液泵 P-1302 入口阀 XV-1305。

（443）关闭碱液泵 P-1302 出口阀 XV-1306。

（444）关闭碱液泵 P-1301 出口阀 XV-1304。

（445）停碱液泵 P-1301。

（446）关闭碱液泵 P-1301 入口阀 XV-1303。

（447）当 T-1301 液位 LI-1301 降为 0 时，关闭废碱液排出阀 XV-1308。

（448）关闭脱盐水入口阀 XV-1302，停 CO 焚烧炉脱盐水。

（449）关闭脱盐水出口阀 XV-1301。

（450）关闭原料油罐 V-2101 顶阀门 XV-2123。

（451）关闭回炼油罐 V-2102 顶阀门 XV-2124。

（452）关闭 E-2111 出口阀 XV-2144。

（453）当分馏塔顶油气分离器 V-2103 分水罐界位 LIC-2106 降为 0 时，关闭界位调节阀 LIC-2106。

（454）当 V-2201 分水罐界位 LIC-2202 降为 0 时，关闭界位调节阀LIC-2202。

（455）当 V-2202 分水罐界位 LIC-2208 降为 0 时，关闭界位调节阀LIC-2208。

（456）关闭酸性水入口阀门 XV-2113。

（457）当含硫氢污水罐 V-2104 液位 LIC-2107 降为 0 时，关闭污水泵 P-2108 出口阀 XV-2115。

（458）停污水泵 P-2108。

（459）关闭污水泵 P-2108 入口阀 XV-2114。

（460）关闭液位调节阀 LIC-2107。

（461）关闭再吸收塔 T-2203 贫吸收油进口阀 XV-2223。

（462）关闭再吸收塔 T-2203 贫气进口阀 XV-2224。

（463）关闭再吸收塔 T-2203 压力调节阀 PIC-2202。

（464）关闭解吸塔底重沸器 E-2208 投用阀 XV-2213。

（465）关闭解吸塔底重沸器 E-2207 投用阀 XV-2214。

（466）关闭解吸塔底重沸器 E-2206 投用阀 XV-2212。

（467）关闭解吸塔 T-2202 顶出口阀 XV-2211。

（468）关闭稳定塔底重沸器 E-2213 投用阀 XV-2234。

（469）关闭稳定塔 T-2204 顶出口阀 XV-2228。

（470）关闭稳定塔 T-2204 顶回流罐入口阀门 XV-2229。

(471) 关闭稳定塔 T-2204 压力调节阀 PIC-2201。

(472) 关闭稳定塔 T-2204 顶回流罐 V-2202 出口阀门 XV-2230。

(473) 关闭循环油浆蒸汽汽包 V-2105 上脱盐水阀 XV-3119。

(474) 关闭阀门 XV-3118。

(475) 汽包 V-2105 液位 LI-2101 降为 0 时，关闭阀门 XV-2150。

(476) 关闭阀门 XV-3112。

(477) 关闭阀门 XV-3116，停 E-2103 热水。

(478) 关闭阀门 XV-3115，停 E-2105 热水。

(479) 关闭阀门 XV-3117，停 E-2112 热水。

(480) 关闭阀门 XV-3108，停 E-2203 低温除氧水。

(481) 关闭阀门 XV-3109，停 E-2204 低温除氧水。

(482) 关闭阀门 XV-3110，停 E-2201 低温除氧水。

(483) 关闭阀门 XV-3111，停 E-2210 低温除氧水。

(484) 关闭阀门 XV-3114，停 E-2208 低温除氧水。

(485) 关闭阀门 XV-3101，停 E-2104 循环水。

(486) 关闭阀门 XV-3102，停 E-2106 循环水。

(487) 关闭阀门 XV-3103，停 E-2109 循环水。

(488) 关闭阀门 XV-3104，停 E-2113 循环水。

(489) 关闭阀门 XV-3105，停 E-2202 循环水。

(490) 关闭阀门 XV-3106，停 E-2211 循环水。

(491) 关闭阀门 XV-3107，停 E-2212 循环水。

四、紧急停车

(492) 关闭阀门 XV-3107，停 E-2212 循环水。

(493) (反再系统)关闭提升管反应器各路进料喷嘴阀门 KIV-1106。

(494) 关闭预提升干气流量控制阀 FIC-1103。

(495) 关闭再生滑阀 KIV-1101。

(496) 沉降器催化剂卸完(LI-1106 为 0)，关闭待再生滑阀 KIV-1102。

(497) 全开辅助燃烧室燃料气手动阀 XV-1104。

(498) 辅助燃烧室 F-1101 点火，防止再生器温度下降速度过快。

(499) (分馏系统)调整回炼油罐 V-2102 液位调节阀 LIC-2102 至 100%，控制罐液面正常。

(500) 调整分馏塔 T-2101 液位调节阀 LIC-2103 至 70%，控制分馏塔底液面正常。

（501）调整分馏塔 T-2101 底蒸汽温度调节阀 TIC-2102 至 90%，控制分馏塔底温度≥300℃。

（502）调整分馏塔 T-2101 顶循环温度调节阀 TIC-2101 至 60%，控制分馏塔顶温度≤120℃。

（503）（吸收稳定系统）关闭再吸收塔 T-2203 压力调节阀 PIC-2202。

（504）关闭稳定塔 T-2204 压力调节阀 PIC-2201，停送干气出装置，维持系统压力。

（505）关闭轻柴油流量阀 FIC-2103，停用再吸收塔 T-2203 贫吸收油。

（506）关闭再吸收塔底液位阀 LIC-2205，停用再吸收塔 T-2203 富吸收油，防止干气经贫富吸收油管线倒窜至分馏塔或封油罐。

（507）调整分馏塔 T-2101 液位调节阀 LIC-2103 至 20%，控制分馏塔底液面正常。

（508）（稳定塔顶回流罐液位 LIC-2207 降低至正常范围下限时，关闭液位阀 LIC-2207，停止液态烃外送）。

（509）（稳定塔底温度 TI-2213 大于 160℃，稳定汽油蒸气压能够确保罐区安全，可继续送往罐区。若无法保证稳定塔底温度大于 160℃时，关闭液位阀 LIC-2206，立即停送汽油出装置）。

（510）（装置各系统紧急停工过程中，当进料切断，公用工程、原料、产品状态改变时，应及时联系、通知罐区或上下游生产装置，防止发生次生事故）。

第六节　重油催化裂化装置事故处理预案

一、事故处理原则

（1）当装置发生突发事故时，操作人员头脑要保持清醒，避免惊慌失措和手忙脚乱，要听从车间和班长的指挥，做到正确判断，果断处理，至少不使事故扩大。

（2）若事故经过努力处理仍无法维持生产，并有继续恶化趋势，甚至即将发生危及人身安全或关键设备等重大事故时，操作人员可不经请示迅速采取紧急事故处理措施，对装置做紧急停工处理。同时，尽快与厂调度联系，及时通知受影响的其他岗位或装置，以便对方能采取措施。

（3）紧急停工主要是指紧急切断提升管进料，维持油品循环，两器进行流化。紧急停工处理后，装置仍无法维持和恢复生产时，则按正常停工处理。

(4) 催化剂装置设有自动保护系统。操作人员必须对自保系统的作用，控制条件、动作过程，各自保阀、阀位开关状态的判断，自保阀的现场手动使用方法等问题了解透彻，以便在发生事故时准确无误地使用自保系统。自动保护系统应时刻处于良好状态。

(5) 催化装置处理常见事故时，必须严格掌握下列原则：

① 控制好反再压力平衡，防止催化剂倒流，催化剂料位不得互相压空，以防止油气和空气互窜造成爆炸事故，当压力平衡难以控制，紧急时应关闭再生，待生滑阀，并立即切断反应进料。

② 大多数紧急停工中，应先切断装置进料，所有提升管进料在启用自保阀或调节阀切断进料后，必须再关手阀，加大提升管蒸汽量，改预提升干气为蒸汽，并关掉再生滑阀和待生滑阀，将反应器与再生器隔离。

③ 提升管有进料时，要尽可能维持提升管温度不低于460℃，否则应降低进料量直至切断进料，以防止待生剂大量带油进入再生器。

④ 停主风时，必须迅速启用主风自保，并立即停止进料。通入事故蒸汽维持两个再生器流化。此时再生器不准喷燃烧油，要尽量维持床温不得低于370℃，否则，必须卸出催化剂。但温度不得低于250℃，否则应关掉通向两器的蒸汽阀门以防止蒸汽凝结水，使催化剂形成死床。

⑤ 切断进料后而主风仍保持时，再生温度应尽量维持在550~650℃。有利于喷燃烧油维持床温。保证二再主风量，保持一再的催化剂料位。

⑥ 当反应-再生系统内有催化剂时，各流化吹扫点必须要有吹扫介质(蒸汽或风)。提升管、沉降器内有催化剂时，分馏系统必须保持油浆循环正常，并保证上返塔流量，必要时可多甩油浆。

⑦ 当反应切断进料，分馏应启用冷回流，控制顶温≯140℃。防止冲塔和超压；吸收一稳定，脱硫，脱硫醇，维持系统压力，尽可能维持循环，特殊情况下可退油卸压。

⑧ 蒸汽发生器、外取热器，一旦停水必须立即切断热源，防止烧干，损坏设备。

(6) 火灾、爆炸事故的判断和处理原则

① 根据现场监控及报警设备报警初步判断发生火灾、爆炸部位和事故程度。

② 若事故可控则按相关事故预案进行施救及事故退守，期间各岗位平稳操作，火灾、爆炸部位相关系统切进料、撤温、泄压，停运关键设备，确保事故

不扩大，确保现场处理人员人身安全。

③ 若事故不可控，则应切断装置各系统进料，启动各自保，各塔、设备切断热源、燃料源，尽力保证设备、系统不超温、超压，避免事态进一步扩大，并组织现场人员安全有序撤离；若现场情况危机，随时可能威胁人员生命安全时，则应立即撤离，同时通知调度及相关单位，外围远程进行切断隔离处理。

④ 现场发生初期微量泄漏时，巡检操作人员应第一时间对泄漏点进行切断，泄漏机泵进行停泵切除操作，并进行相应掩护措施，避免泄漏进一步扩大，流程工艺不具备立即切断条件的应做好掩护再迅速与操作人员及车间人员联系避免泄漏扩大。

⑤ 各种处理以人员人身安全为前提和原则，以控制事故不进一步扩大为主，按照相关预案有序进行，岗位间协调配合，防止紧张、不冷静中操作程序错误造成事态进一步扩大。

二、紧急停工规程

正常生产中如果遇到下列情况之一，无法维持生产时，按紧急停工处理：

停系统蒸汽，停循环水，全装置停电，长时间停净化风；设备事故(包括主风机停机和主要运转机泵的事故及主要冷换设备、压力容器、管线的泄漏事故)、DCS 系统故障、突发性灾害。紧急停工时，以安全为主，先停运关键设备，切断重点部位、进料及热源，岗位间要做好联系工作，不能因操作程序错误造成物料跑、冒、窜、泄漏、超温、超压等危险状况。

紧急停工原则：反再系统启用自保切断所有进料，维持两器流化、单容器流化或反再系统启用主风自保切除主风、再生器闷床，禁止反再系统油气互窜；分馏和吸收稳定系统控制好各塔和容器液面，保持物料循环，禁止超温超压；禁止超温或轻烃含量超标的物料外送到罐区。

三、事故处理

1. 反应区装置晃电

(1) 事故现象

① DCS 画面停泵报警。

② 碱液循环泵 P-1301 停，碱液加入泵 P1302 停，CO 焚烧炉主风机 C-1301 停，CO 焚烧炉 F-1301 火焰熄灭。

(2) 事故确认

[P]—现场确认有②事故现象，通知内操。

[I]—DCS 界面确认有①事故现象。

[I]—在 HSE 事故确认界面，选择“反应区装置晃电”按钮进行事故汇报。

(3) 事故处理

[P]—关碱液循环泵 P-1301 出口阀 XV1304。

[P]—开碱液循环泵 P-1301。

[P]—开碱液循环泵 P-1301 出口阀 XV1304。

[P]—汇报主操“碱液循环泵 P-1301 泵已开启，运行正常”。

[P]—开碱液加入泵 P1302。

[P]—汇报主操“碱液加入泵 P1302 已开启，运行正常”。

[P]—开 CO 焚烧炉主风机 C-1301。

[P]—CO 焚烧炉 F-1301 点火。

[P]—汇报主操“CO 焚烧炉主风机 C-1301 已开启，运行正常，CO 焚烧炉火焰恢复正常”

2. CO 焚烧炉炉管破裂

(1) 事故现象

① CO 焚烧炉防爆门打开、炉膛内可见火苗，炉膛内有异常响声，CO 焚烧炉顶部有浓烟冒出；

② CO 焚烧炉内压力 PI1301(事故值 0.1 MPa，正常值 0.03MPa)报警；

③ CO 焚烧炉炉膛温度 TI1303(事故值 600℃，正常值 420℃)报警；

④ 可燃气体和硫化氢报警器报警。

(2) 事故确认

[P]—现场确认有①所述事故现象，通知内操。

[I]—DCS 界面确认有②③④报警信号。

[I]—在 HSE 事故确认界面，选择“CO 焚烧炉炉管破裂”按钮进行事故汇报。

(3) 事故处理

[I]—关 CO 焚烧炉主风机 C-1301。

[P]—关 CO 焚烧炉瓦斯手阀 XV1309。

[P]—关 CO 焚烧炉进出脱盐水手阀 XV1301，XV1302。

[I]—开 CO 焚烧炉消防蒸汽阀 KIV1301，向炉内通蒸汽(现象①停)。

[I]—通知反再系统降量处理，通知分馏系统降量处理。

[I]—关主风机出口切断阀 KIV1202，打开备用风机出口切断阀 KIV1203。

[P]—现场开启备用风机 C-1204。

[P]—汇报主操“备用风机 C-1204 已开启，运行正常”。

3. 反应系统仪表风停

(1) 事故现象

① 仪表风总管压力 PI2301 低报(事故值 0 MPa，正常值 0.8MPa)；

② 回炼油浆进反应器流量 FIC1101 为零，回炼油进反应器流量 FIC1102 为零，预提升干气流量 FIC1103 为零；

③ 各气动阀处于风开风关状态。

(2) 事故确认

[P]—现场有②、③事故现象。

[I]—DCS 界面确认有①报警。

[I]—在 HSE 事故确认界面，选择“反应系统仪表风停”按钮进行事故汇报。

(3) 事故处理

[I]—通知分馏系统降量控制，提升管进料泵出口调节阀 LIV2101 开度为零。

[P]—关提升管进料泵 P-2101 出口阀 XV2103。

[P]—关提升管进料泵 P-2101。

[P]—关提升管进料泵 P-2101 入口阀 XV2102。

[P]—汇报主操“提升管进料泵 P-2101 已关闭”。

[I]—关 CO 焚烧炉主风机 C-1301。

[P]—关 CO 焚烧炉瓦斯手阀 XV1309。

[P]—关 CO 焚烧炉进出脱盐水手阀 XV1301，XV1302。

[I]—关主风机出口切断阀 KIV1202。

[P]—现场停风机 C-1203。

打开备用风机出口切断阀 KIV1203。

[P]—现场开启备用风机 C-1204。

[P]—汇报主操“备用风机 C-1204 已开启，运行正常”。

[P]—全开现场流化蒸汽手阀 XV1102，加强巡检，确保反再系统流化率。

4. 吸收塔二中段循环泵泄漏着火。

(1) 事故现象

① 吸收塔二中段循环泵 P2203 处有火焰升起，现场伴随有浓烟，同时有火焰声音。

② 可燃气体和硫化氢报警器报警。

(2) 事故确认

[P]—现场确认有上述①事故现象，通知内操。

[I]—DCS 界面确认有②报警。

[I]—在 HSE 事故确认界面，选择“吸收塔二中段循环泵泄漏着火”按钮进行事故汇报。

(3) 事故处理

[I]—停吸收塔二中段循环泵 P2203。

[P]—关吸收塔二中段循环泵前后手阀 XV2220，XV2221。

[I]—吸收塔底出口自动阀 LIV2203 开度为零。

[P]—打开消防蒸汽软管站蒸汽阀 XV2304 用消防蒸汽带灭火(现象①停)。

[I]—通知反再系统降量控制。

[P]—关闭富气压缩机 C-2201。

[P]—关闭富气压缩机 C-2201 进出口手动阀 XV2201，XV2202。

[P]—关闭吸收塔进气手阀 XV2207。

[P]—关吸收塔一中段循环泵出口阀 XV2118。

[P]—停吸收塔一中段循环泵 P2202。

[P]—关吸收塔一中段循环泵入口阀 XV2117。

[P]—汇报主操“吸收塔一中段循环泵 P2202 已停止”。

5. DCS 系统停电

(1) 事故现象

① DCS 界面黑屏；

② 各气动调节阀处于风开风关状态。

(2) 事故确认

[P]—现场确认有②事故现象，通知内操。

[I]—确认 DCS 界面黑屏。

[I]—在 HSE 事故确认界面，选择“DCS 系统停电”按钮进行事故汇报。

(3) 事故处理

[I]—通知反应系统停车。

[P]—关闭反应油气进分馏塔总阀 XV2105。

[P]—关提升管进料泵出口阀 XV2103。

[P]—停提升管进料泵 P-2101。

[P]—关提升管进料泵入口阀 XV2102。

[P]—汇报主操“提升管进料泵 P-2101 已停止”。

[P]—关回炼油泵出口阀 XV2138。

[P]—停回炼油泵 P-2102。

[P]—关回炼油泵入口阀 XV2137。

[P]—汇报主操“回炼油泵 P-2102 已停止”。

[P]—关循环油浆泵出口阀 XV2140。

[P]—停循环油浆泵 P-2103。

[P]—关循环油浆泵入口阀 XV2139。

[P]—汇报主操“循环油浆泵 P-2103 已停止”。

6. 燃料气中断

(1) 事故现象

① 燃料气压力 PI2302 低报(事故值 0MPa，正常值 1.0MPa)；

② CO 焚烧炉炉膛温度 TI1303 低温报警(报警值 320℃，正常值 420℃)；

③ CO 焚烧炉熄火。

(2) 事故确认

[P]—现场确认有③事故现象，通知内操。

[I]—DCS 界面确认有①、②报警信号。

[I]—在 HSE 事故确认界面，选择“燃料气中断”按钮进行事故汇报。

(3) 事故处理

[P]—关 CO 焚烧炉 F-1301 瓦斯进气手阀 XV1309。

[P]—汇报主操“CO 焚烧炉燃料气已断开”。

[I]—通知反应系统降量控制。

[I]—关 CO 焚烧炉主风机 C-1301。

[P]—关 CO 焚烧炉进出脱盐水手阀 XV1301，XV1302。

[I]—开 CO 焚烧炉消防蒸汽阀 KIV1301，向炉内通蒸汽。

[I]—关主风机出口切断阀 KIV1202，打开备用风机出口切断阀 KIV1203。

[P]—现场开启备用风机 C-1204。

[P]—汇报主操“备用风机 C-1204 已开启，运行正常”。

[P]—汇报主操“分馏塔底泵 P2204 已停止”。

7. 含硫污水罐顶部法兰泄漏 H_2S 中毒。

(1) 事故现象

① 含硫污水罐 V2104 顶法兰处有气体喷出，有气体泄漏声音；

② DCS 界面可燃气体和硫化氢报警器报警；

③ 现场发现有 1 人中毒昏迷。

(2) 事故确认

[P]—现场确认有①、③事故现象，通知内操。

[I]—DCS界面确认可燃气体和硫化氢报警器报警。

[I]—在HSE事故确认界面，选择“含硫污水罐顶H2S泄漏中毒”按钮进行事故汇报。

(3) 事故处理

① 现场救援

[I]—主操用广播对现场进行通知，说明泄露点，并要求现场人员迅速往上风向进行撤离。

[P]—佩带好空气呼吸器、H_2S便携式报警器和担架去事故现场。

[P]—将中毒人员抬到泄露点上风口处，进行通风。

[P]—确认中毒人员呼吸停止，对其进行心肺复苏。

[P]—在装置区拉警戒线将装置区隔离。

② 紧急停工

[I]—分馏塔顶油气分离器污水控制阀LIV2106开度为零。

[P]—现场关闭含硫污水罐顶进料阀XV2113。

[P]—汇报主操“含硫污水罐进料已切断”。

[P]—关含硫污水泵出口阀XV2115。

[P]—停含硫污水泵P-2108。

[P]—关含硫污水泵出口阀XV2114。

[P]—汇报主操“含硫污水泵P-2108已停止，含硫污水罐出料已切断”。

8. 轻柴油汽提塔顶安全阀起跳

(1) 事故现象

① 轻柴油汽提塔顶安全阀S2204起跳，有放空声音；

② 轻柴油汽提塔塔顶压力PI2105高限报警(报警值1.0MPa，正常值0.3MPa)；

③ 可燃气体和硫化氢报警器报警。

(2) 事故确认

[P]—现场确认有①事故现象，通知内操。

[I]—DCS界面确认有②、③报警信号

[I]—在HSE事故确认界面，选择“轻柴油汽提塔顶安全阀起跳”按钮进行事故汇报。

(3) 事故处理

[I]—通知反应系统降量控制。

[P]—现场关闭手阀 XV2126，停轻柴油汽提塔进料。

[I]—轻柴油汽提塔底汽提蒸汽自动阀 TIV2103 开度为零。

[P]—关轻柴油泵出口阀 XV2128。

[P]—停轻柴油泵 P-2106。

[P]—关轻柴油泵入口阀 XV2127。

[P]—汇报主操“轻柴油泵 P-2106 已停止”。

9. 气动调节阀 PIV2202 故障

(1) 事故现象

① 再吸收塔顶气相出口气动调节阀 PIV2202 关闭。

② 再吸收塔顶气相出口气动调节阀 PIV2202 开度为零。

③ 再吸收塔顶压力 PIC-2202 高报(正常值 1.83MPa，事故值 1.88MPa)。

(2) 事故确认

[P]—现场确认有上述①事故现象，通知内操。

[I]—DCS 界面确认②、③事故现象

[I]—在 HSE 事故确认界面，选择“气动调节阀 PIV2202 故障”按钮进行事故汇报。

(3) 事故处理

[P]—关气动调节阀 PIV2202 前后手阀 XV2241，XV2242。

[P]—开气动调节阀 PIV2202 旁路手阀 XV2243。

[P]—与主控室主操联系，调节旁路手阀 XV2243 到适当开度，使再吸收塔顶压力 PIC2202 降至规定值(1.83 MPa)(调节阀门时要缓慢，微调，常调)。

[I]—通知电气仪表维修部门对 PIV2202 进行维修。

10. 富气空冷器泄漏

(1) 事故现象

① 富气空冷器管线有油气喷出，有气体泄漏声音；

② 气压机出口油气分离器压力 PI2201 低压报警(报警值 2.0MPa，正常值 2.2MPa)；

③ 可燃气体和硫化氢报警器报警。

(2) 事故确认

[P]—现场确认有①事故现象，通知内操。

[I]—DCS 界面确认有②、③报警信号。

[I]—在 HSE 事故确认界面，选择“富气空冷器泄漏”按钮进行事故汇报。

(3) 事故处理

[I]—通知反应系统降量控制。

[P]—现场停富气压缩机 C-2201。

[P]—现场关闭富气压缩机进出口阀门 XV2201，XV2202。

[P]—汇报主操“富气压缩机已停止”。

[I]—关闭富气空冷器风机。

[P]—现场关闭富气空冷器进出口阀门 XV2203，XV2204。

[P]—汇报主操“富气空冷器风机已停止，泄漏处已隔离”。

[I]—适当关小分馏塔底蒸汽自动阀，维持分馏塔稳定。

[I]—通知设备维修部门对富气空冷器泄漏处进行维修。

第五章　石油加工主要设备

石油加工过程的主要设备包括流体输送设备、换热设备、加热设备、反应设备、分离设备、储存设备等。本章将从流体输送设备、换热设备、加热炉、塔等四个方面进行介绍。

第一节　流体输送设备

在石油加工过程中，常常需要把流体输送到较远的另一处，或从低能位处输送到高能位处。为此，必须对流体提供机械能，以克服流体流动阻力和提高流体的能位。为流体提供能量的机械称为流体输送机械。

流体输送机械主要有泵、风机、压缩机等，本章主要介绍泵这种典型的流体输送设备。

泵按工作原理分主要有离心泵、往复泵、水环泵等。

一、离心泵

炼油装置大多数泵皆为离心泵，图 5-1 为离心泵的结构简图。

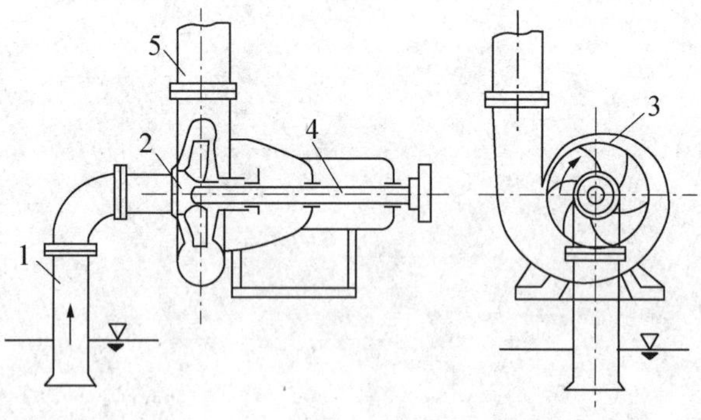

图 5-1　离心泵的结构简图

1—进水管；2—叶轮；3—泵体；4—泵轴；5—出水管

1. 作用原理

离心泵依靠旋转叶轮对液体的作用，将原动机的机械能传递给液体，对液体做功。当泵内灌满液体时，由于叶轮高速旋转，液体在叶轮作用下产生离心力，驱使液体从叶轮进口流向叶轮出口的过程中，其速度能和压力能都得到增加。被叶轮排出的液体经过压出室大部分速度能转换成压力能，然后沿排出管路输送出去。

2. 性能

（1）流量大而均匀，且随扬程变化；

（2）扬程大小决定于叶轮外径和转速；

（3）扬程和轴功率与流量存在对应关系，扬程随流量增加而降低，轴功率随流量增加而增加；

（4）吸入高度较小，易产生汽蚀现象；

（5）在低流量下效率较低，但在设计点效率较高，大型泵效率比小型泵效率高；

（6）转速高。离心泵的额定转速一般是2950r/min。

3. 操作与调节

启动前必须灌泵，关闭出口阀，用出口阀或改变转速调节流量，但不宜在低流量下工作。

4. 结构特点

结构简单、紧凑，易于安装和检修，占地面积小，基础小，可与电机直接相连。

5. 适用范围

适用于流量大、扬程低、液体黏度小的环境，并适于输送悬浮液和不干净液体。

二、往复泵

装置注缓蚀剂、注氨、注破乳剂等注剂泵，各炼厂中也有选用计量泵的。通常所说的计量泵就是在往复泵的基础上配有注入量调节装置。图5-2为往复泵装置简图。

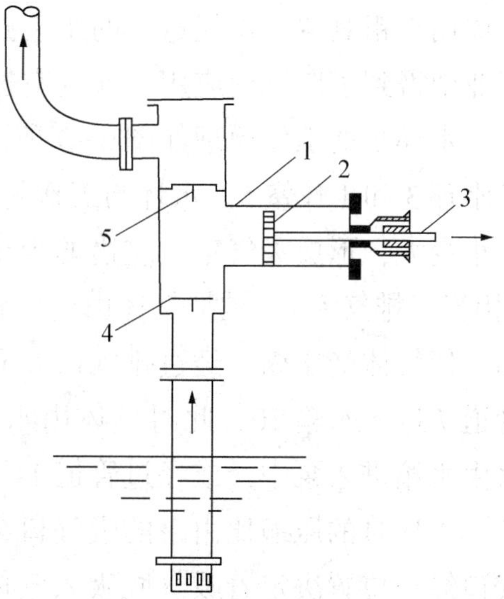

图5-2　往复泵装置简图

1—泵缸；2—活塞；3—活塞杆；4—吸入阀；5—排出阀

1. 作用原理

活(柱)塞作往复运动，使泵缸内的工作容积发生多次间歇变化，泵阀控制液体单向吸入和排出，形成工作循环，使液体能量增加，压力升高，排出泵体外。

2. 性能

(1) 流量小而不均匀(脉动)，几乎不随扬程变化；

(2) 扬程大，且决定于泵本身动力、强度和密封；

(3) 扬程和流量几乎无关，只是流量随扬程增加而漏损使流量降低，轴功率随扬程和流量而变化；

(4) 吸入高度大，不易产生抽空现象，有自吸能力；

(5) 效率较高，在不同扬程和流量下工作效率仍能保持较高值；

(6) 转速低。

3. 操作与调节

启动必须打开出口阀，不用出口阀调节流量，采用旁路阀调节，或改变转速、活(柱)塞行程调节。

4. 结构特点

结构复杂，易损件多，易出故障，维修麻烦，占地面积大，基础大。

5. 适用范围

适用于流量小、扬程高、液体黏度大的环境，不宜用于输送不干净液体。

三、水环泵

水环泵是液环泵的一种，是水环式真空泵和水环式压缩机的统称。水环泵主要用于粗真空、抽气量大的工艺过程中。在化工、石油、轻工、医药及食品工业中得到了广泛地应用，如真空过滤、真空送料、真空浓缩、真空脱气等。

水环泵的工作原理如图 5-3 所示。水环泵工作轮 2 在泵体 1 中旋转时形成了水环 3 和工作室 5。水环与工作轮构成了月牙形空间。右边半个月牙形的容积由小变大，形成吸气室。左边的半个月牙形的容积由大变小，构成了压缩过程(相当于排气室)。被抽气体由进气管 8 和进气口 4 进入吸气室。转子进一步转动，使气体受压缩，经过排气口 6 和排气管 7 排出。排出的气体和水滴由排气管道 7 进入水箱 10，此时气体由水中分离出来，气体经管管道 9 排到大气中，水由水箱进入泵中，或经过管道 11 排到排水设备中。

水环泵的压缩比由泵的吸气口终了位置和排气口开始位置所决定。因为吸气口终止位置决定着吸气腔吸入气体的体积；而排气口开始的位置决定着排气时压缩了的气体的体积。对已经确定了结构尺寸的水环泵，可以求出其压缩比。

(1) 水环泵和其他类型的机械真空泵相比有以下优点：

① 结构简单，制造精度要求不高，容易加工，操作简单，维修方便。

② 泵腔内压缩气体过程温度变化很小，可认为是等温压缩，压缩气体的温度低，排气温度仅比近期温度高 10~15℃，适合抽吸压送易燃易爆的气体。

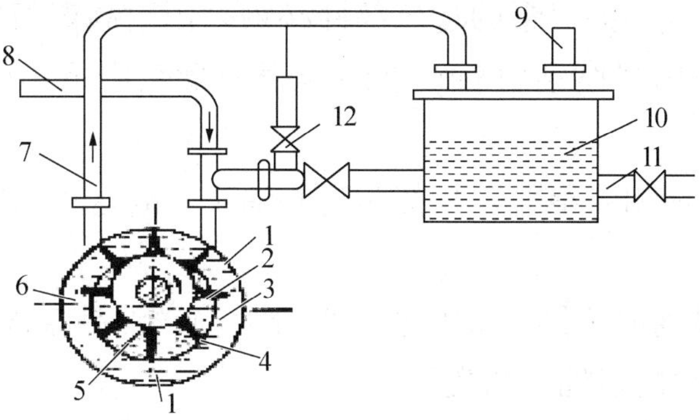

图 5-3　水环泵的工作原理图

1—泵体；2—转子；3—液体环；4—进气孔；5—工作室；6—排气孔；
7，9—排气管；8—进气管；10—水箱；12—控制阀

③ 结构紧凑，泵一般与电动机直联，转数较高。用较小的结构尺寸，可以获得较大的排气量。

④ 配置灵活，可与分离器、换热器、管线、阀门、仪表、电控装置组装在一起共同放在一个底盘上作为成套设备使用。

⑤ 泵腔内没有金属摩擦表面，无须对泵内进行润滑。转动件和固定件之间密封可直接由水封来完成，故可以抽除带尘埃的气体、可凝性气体及气水混合物。

（2）水环泵也有其缺点：

① 效率低，一般在 30%左右，较好的可达 50%。

② 真空度低，这不仅是因为受到结构上的限制，更重要的是受工作液饱和蒸气压的限制。

总的说来，由于水环泵具有等温压缩和用水作封液，可以抽除易燃、易爆及腐蚀性气体，还可以抽除含有灰尘和水分的气体等突出优点，所以得到了广泛的应用。

四、石油加工装置用泵的特点

在石油加工装置中，轻油挥发性强，重油温度高，有的油品还有腐蚀性，所有油品都是易燃易爆介质，因此对油泵有特殊的要求：

（1）能长期连续运转，泵工作可靠，尤其是对密封要求较严格，严防油品漏到泵外。因此有时会采用双端面机械密封，在输送管路上装有单向止回阀，动力装置采用防爆或隔爆电机。

（2）必须适应输送油品的性质和特点。有的油品挥发性较强，而且泵的排量比较大，因此要求泵的抗汽蚀性能要好。

（3）输送高温油品的机泵的过流部件必须采用耐高温材料，对于某些有腐蚀性油品，还应采用耐腐蚀材料。泵的转子和泵壳应采用热膨胀系数相近的材料。

由于炼油装置所用泵绝大多数都为离心油泵，故这里只介绍离心油泵的相关知识。

按输送油品温度的不同，离心式油泵分为输送油品温度低于200℃的冷油泵和温度高于200℃的热油泵两类。

五、离心泵的运行和维护

1. 离心泵启动前的准备工作

（1）清扫现场，擦洗泵体及附件，搞好卫生规格化；

（2）检查泵体、端面、大盖、泵出口、入口管线、法兰、压力班接头等处有无漏油，油箱部件是否齐全，地脚螺栓有无松动，电机接地线是否良好，防护罩是否把紧，压力表是否完好，联系电气检查变频调整器完好情况，所有问题处理完好并确认；

（3）检查冷却水、排水地沟是否畅通；

（4）轴承部位按三级过滤要求加入32#或46#润滑油，油位控制在油标的1/2~2/3左右；

（5）盘车几圈，转动联轴器应轻松且轻重均匀，注意对轮是否有异常现象，泵内有无摩擦声或异常响声，按要求安装好联轴器安全罩；

（6）冷油泵或水泵等打开泵入口阀，使液体充满泵，并打开排空阀排出泵内存水和空气；

（7）打开压力表阀，多级泵如有平衡管，则应打开平衡管阀门；

（8）打开泵体、泵座、油箱、端面的冷却水阀门，给上封油，调节冷却水流量和封油压力适当，注意封油不要给得过大以免抽空，封油要提前脱净水分；

（9）热油泵在启动前要缓慢全开入口阀，稍开出口阀，或打开预热阀进行预热，预热速度为50℃/h，控制泵体与介质的温差在30℃以下，预热时每10min盘车一圈。当温度高于150℃以后，应每隔5min盘转一次以防泵轴产生变形；

（10）预热时开阀要缓慢，防止预热泵倒转，或者运转泵抽空；

（11）高扬程的多级泵稍微打开出口阀门，保证启动流量不低于泵所允许的最小流量，最小流量一般为泵额定流量的30%；

(12) 带变频调速的泵，应将泵的出口阀门全开，操作室仪表盘流量控制仪表给定信号退至最小位置，“电机”与“仪表阀”控制选择开关置于“电机”位置；

(13) 联系操作工改好流程；

(14) 联系电工检查电机并送上电；

(15) 对于检修电机的机泵，点试电机，检查电机旋转方向是否与泵旋转方向一致；

(16) 切记关闭出口阀门，目的在于减小电机负荷，不使电机过载；

2. 启动离心泵

(1) 改好流程后关闭出口阀，热油泵还要关闭出口预热线阀，全面检查一次，严禁带负荷启动；

(2) 按动电钮接通电源启动电机，检查电流大小，声音和振动是否正常，泵有无严重泄漏，如果出现上述情况则应立即停泵，检查外泄；

(3) 当泵出口压力达到操作压力后，打开泵出口阀，在出口阀门关闭的情况下，泵运转一般不超过2min，否则液体在泵体内不断被搅拌和摩擦，产生大量热量，导致泵体超温、过热使零件损坏，严重时会造成设备事故；

(4) 变频调整泵手动调节流量调节器的给定信号，调整流量至所要求的值；

(5) 密切注意电机电流和泵出口压力，流量的变化情况，防止泵过负荷或抽空，注意密封的泄漏情况；

(6) 当泵运行正常后，适当调节泵的各部冷却水和封油量，保证冷却水的排出温度为40℃左右，封油压力比泵的密封腔高0.05~0.08MPa。

3. 正常停泵

(1) 接到机泵停运通知以后，逐渐关闭出口阀，变频调速泵将流量调节器的给定值调至最小；

(2) 泵出口阀全关后，按停车按钮停泵；

(3) 如泵需检修时，可按以下步骤继续操作：

① 关闭泵的入口阀；

② 关闭封油阀门；

③ 热油泵停运后，每隔20~30min盘车一圈，进行扫线；冷油泵压油放空；液态烃泵泄压时，应与调度联系；水泵和其他形式的泵放空；

④ 联系电工停电；

⑤ 当泵体温度降至室温时，关闭冷却水；

⑥ 经检查符合检修安全规定后，联系检修单位检修。

（4）如泵需正常备用时，停运后按以下步骤操作：

① 热油泵或其他需要预热的泵适当打开泵的出口阀或预热阀保持泵体温度在正常运转温度；

② 封油视停用时密封腔内的压力适当关小；

③ 冷油泵夏天关闭所有冷却水；冬天保持冷却水低流量，注意防冻；热油泵冷却水根据各部温度适当关小；

④ 热态工作的备用泵，尤其是多级泵，每班要盘车一次，每次至少 2～3 圈，盘车红点前后位置相差 1800，以免泵轴因自重而产生变形；

⑤ 备用泵满足备用的条件：润滑良好，冷却水畅通，无泄漏，盘车良好，安全附件齐全好用，热油泵处于预热状态，离心泵入口阀开、出口阀关，泵内充满介质。

4. 紧急停泵

（1）具备下列情况之一，必须紧急停泵；

① 泵或电机发生很大的振动或轴向窜动，联轴器损坏；

② 电机冒烟、有臭味或着火；

③ 电机转速慢，并发出不正常声音；

④ 轴承或电机发热到安全允许极限值；

⑤ 热油泵或输送易气化的介质(如液态烃)的泵端面呲开，严重泄漏；

⑥ 危及人身安全(如电机电气系统漏电)；

⑦ 其他危急安全生产的情况。

（2）马上按停机按钮紧急停机；

（3）迅速关严泵的出口阀、入口阀；

（4）若热油泵泄漏着火，要及时灭火，切断封油阀；

（5）停运泵后再按需要做停泵步骤操作。

5. 机泵切换

（1）将泵出口流量控制由自动改为手动；

（2）按正常启动程序启动备用泵；

（3）当备用泵运行正常后，逐渐打开备用泵的出口阀，同时关闭原运行泵的出口阀。直至备用泵出口阀全开，原运行泵出口阀全关(高扬程多级泵关至最小流量限制值偏上)；

（4）在开、关出口阀的过程中要密切注意两泵的电机电流、压力、流量的变化，防止大幅度波动、抢量、抽空。出现异常情况要及时处理完后才可按以上步骤继续切换泵；

(5) 按停车按钮，按正常步骤停运原运行泵。(注意：原运行泵不可长时间关出口阀运行)；

(6) 高扬程多级泵关闭泵的出口阀；

(7) 停泵后做好停运泵的善后工作；

(8) 确认运行正常后，将出口流量改由“自动控制”。

6. 离心泵的正常维护

(1) 经常检查泵出入口压力、流量及电机电流的变化情况，维持其正常的操作指标，严禁泵长时间抽空和在允许最低流量情况以下运转，发现异常及时处理，必要时停泵检查。出口流量不能用入口阀调节，避免产生汽蚀，抽空、振动；

(2) 经常检查泵和电机的运转情况和各部位的振动、噪声；

(3) 经常检查各部温度变化情况，泵轴承温度不超过 65℃，电机轴承温度不超过 70℃；

(4) 检查轴封的泄漏情况，有封油的要经常检查封油系统，控制好封油压力使之处于要求值。轴封采用填料密封允许有滴状泄漏，不能将填料压得太紧，以致增加摩擦功耗和轴过早地磨损。检查机械密封时，眼睛不要对准密封面的切线方向，防止介质甩入眼内；

(5) 对于热油泵的端面泄漏，调节封油操作要缓慢，防止泵抽空。

第二节　换热设备

传热就是热量传递的过程。石油加工过程都是在一定温度、压力的条件下进行，因此不论是原料、中间产品、产品都要根据生产工艺要求进行加热和冷却。如原油在 365℃左右进行常压蒸馏，重油在 405℃左右进行减压蒸馏(真空度在 720mmHg 左右)，经过蒸馏所得到的汽油、煤油、柴油等产品又要冷却到 25~40℃左右。

换热器是石油加工生产中重要的设备形式，它可用作加热器、冷却器、冷凝器、蒸发器等，应用十分广泛。

一、换热设备应满足的基本要求

根据工艺过程或热量回收用途的不同，冷换设备应满足以下各项基本要求：

1. 能够合理地实现所规定的工艺条件

传热量、流体的热力学参数(温度、压力、流量等)与物理化学性质(密度、黏度、腐蚀性等)是工艺过程所规定的条件。传热设备应该在上述条件的约束下，具有尽可能小的传热面积，在单位时间内传递尽可能多的热量。

2. 安全可靠

大多数的冷换设备也是压力容器，其强度、刚度、温差应力以及疲劳寿命，应该满足相关的规定及标准，这对保证设备的安全可靠起着决定性的作用。材料的选择也是一个重要的环节，不仅它的机械性能和物理性能要满足安全要求，其在特殊环境中的耐腐蚀性能也是关键指标。

3. 便于安装、操作与维修

设备与部件应便于运输与装拆，在移动时不会受到楼梯、梁、柱等的妨碍。根据需要可添置气、液排放口、检查孔，敷设保温层。场地应留有足够的空间以便冷换设备在检修时可以将其内件抽出在现场进行处理。

4. 经济合理

评定冷换设备最终的指标是：在一定时间内(通常为1年)固定费用(设备的购买费、安装费等)与操作费(动力费、清洗、维修费等)的总和为最小。通常采用“窄点设计法”来确定具体的换热流程。

二、换热设备的分类

换热设备可以从用途、传热方式和结构等不同角度进行分类。按用途分类，可分为加热器、冷却器、冷凝器、重沸器、蒸汽发生器等；按传热方式分类，可分为间壁式换热器、混合式换热器、蓄热式换热器；按结构分类，可分为管壳式换热器、板式换热器、板翅式换热器、管翅式换热器、热管式换热器等。

1. 管壳式换热器

管壳式换热器是目前在炼油化工生产中应用最广泛的传热设备，与其他换热器相比，具有结构简单、操作弹性大、适应性强、耐高温、高压及高温差、高压差的优点。管壳式换热器属于间壁式换热器，它是利用固体壁面将进行热交换的两种流体隔开，使它们通过共同的壁面(换热管)进行热交换。管壳式换热器只能满足流体介质间的热交换，加热介质和被加热介质分别流经管内和管间，并在流动过程中通过间壁进行热交换，被加热介质温度升高，加热介质温度降低。流过管间的介质一般要通过折流板几经折流后流出换热器，这主要是为提高管间介质的传热系数。

为防止壳程入口液体直接冲刷管束，避免冲蚀管束和造成震动，在入口处常常设置防冲板，缓冲壳程入口液流，其开孔数量与安装位置可按设计规定执行。其入口面积在任何情况下都不应小于接管的流通面积。

管壳式换热器包括固定管板式换热器、U 形管式换热器、浮头式换热器。

(1) 固定管板式换热器。固定管板式换热器结构如图 5-4 所示，换热器的管端以焊接或胀接的方法固定在两块管板上，而管板则以焊接的方法与壳体相连。

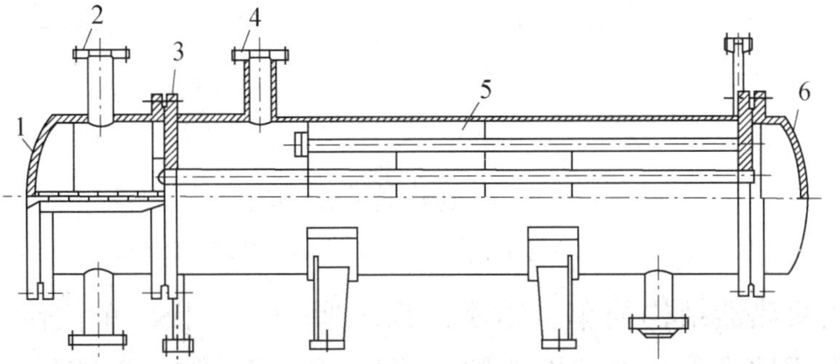

图 5-4　固定管板式换热器

1—封头管箱；2—管程管嘴；3—管板；4—壳程管嘴；5—管束；6—后端封头管箱

这种换热器的优点是结构简单、重量轻、造价低，在相同的壳程情况下，可较其他形式的管壳式换热器多排些管子。由于不存在弯管，管内不易积聚污垢，即使产生污垢也便于清洗。如果管子发生泄漏或损坏，便于进行补管，但无法清洗管子的外表面，且难以检查，不适宜处理脏的或有腐蚀性的介质。最主要的缺点是冷热两流体之间的温差不能太大，因温差太大时，会产生较大的热应力，使管子与管板结合处松脱而产生泄漏。

为了减少温差应力，可在壳体上设置膨胀节，利用膨胀节在外力作用下产生较大变形的能力来降低管束与壳体中的温差应力。膨胀节的形式较多，常见的有 U 形、平板形与 Ω 形。如图 5-5 所示，其中 U 形膨胀节用得最为普遍，挠性与强度都比较好。卧式设备的膨胀节，最低点要有排液孔。

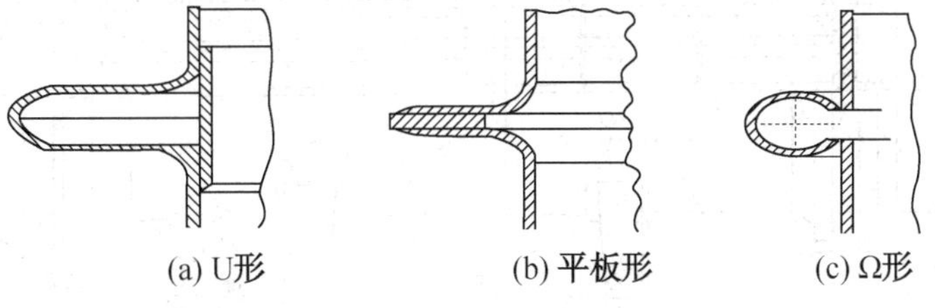

图 5-5　膨胀节类型

(2) U 形管式换热器。U 形管式换热器结构如图 5-6 所示，其壳体内的管束是弯成 U 字形的，类似发夹，所以又称为发夹式换热器。U 形管式换热器管束两端均固定在同一个管板上，而 U 形端不加固定，每根 U 形管均可自由伸缩而不受其他管子及壳体的约束。

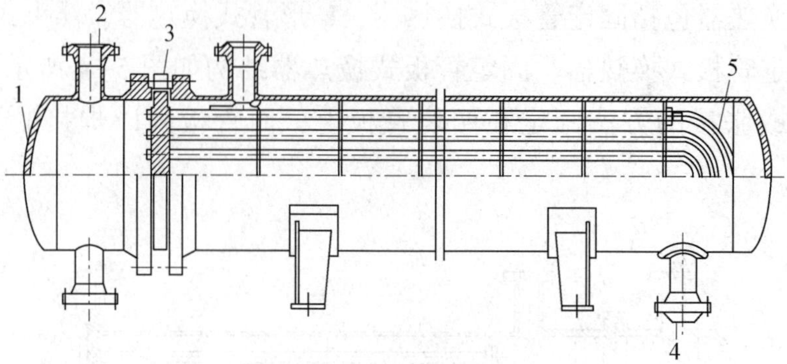

图 5-6　U 形管式换热器

1—管箱；2—管程管嘴；3—管板；4—壳程管嘴；5—U 形管束

U 形管式换热器结构简单、紧凑，只需要一个管板，单位传热面积的金属耗量少。具有弹性大、热补偿性能好、管程流速高、传热性能好、承压能力强、不易泄漏等优点，而且管束可以从壳体中抽出，管外清洗方便。但也存在制作较困难，管内清洗困难，因最内层管子弯曲半径不能太小造成管板利用率偏低的缺点。常减压装置往往在常顶或常顶循环使用 U 形管式换热器，以避免泄漏，影响产品质量。

(3) 浮头式换热器。浮头式换热器结构如图 5-7 所示，在常减压装置最为常用。换热器中一块管板与壳体固定，另一侧管板可相对壳体滑动，能承受较大的管壳间温差热应力。浮头部分由浮头管板、钩圈与浮头端盖组成，是可拆联接，管束可以从壳体中取出，便于检修、清洗。其缺点是结构相对复杂，制造成本高，若浮头的垫片密封不严，会造成管内外流体互相混合，泄漏量不大时不易察觉。

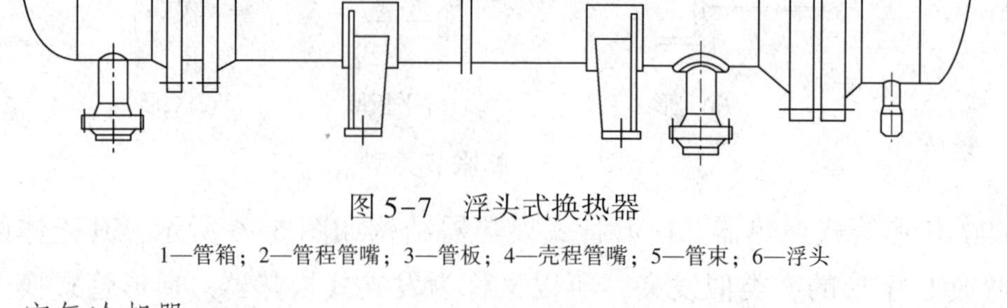

图 5-7　浮头式换热器

1—管箱；2—管程管嘴；3—管板；4—壳程管嘴；5—管束；6—浮头

2. 空气冷却器

空气冷却器是一种以空气代替冷却水作为冷却介质的换热器，环境空气流过翅片管，使管内高温介质得到冷却或冷凝的设备，其结构如图 5-8 所示，基本部件包括管束、轴流风机、管道泵、构架、附件等。

空气冷却器通常按以下几种形式进行分类：

(1) 按管束布置方式分为：水平式、立式、斜顶式等；

(2) 按通风方式分为：鼓风式、引风式和自然通风式；

(3) 按冷却方式分为：干式空冷、湿式空冷和干湿联合空冷；

(4) 按风量控制方式分为：百叶窗调节式、可变角调节式和电机调速式；

(5) 按防寒防冻方式分为：热风内循环式、热风外循环式、蒸汽拌热式及不同温位热流体的联合等形式。

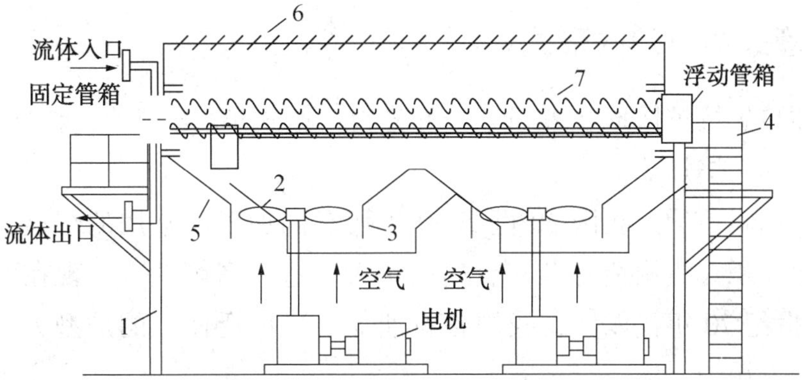

图 5-8　空气冷却器的基本结构

1—构架；2—风机；3—风筒；4—平台；5—风箱；6—百叶窗；7—管束

采用空气冷却器代替水冷却器，不仅可以节约用水，还可以减少水污染。空气冷却器相对于水冷却器，操作周期长，投资便宜，操作费用低，设备潜力大。此外还具有维护费用低、运转安全可靠、使用寿命长等优点。为了提高冷却效果，管束外采用铝翅片加大管外面积提高翅化比(翅化比指单位长度翅片管的总外表面积与基管外表面积之比)。湿式空冷既利用冷水在管外表面汽化蒸发取走介质热量，又靠水分把空气增湿，提高空气湿度，因为水的相变热远远大于温差传热，故冷却效果得到进一步提高。

第三节　加　热　炉

管式加热炉是炼油厂和石油加工厂的重要设备之一，它是利用燃料在炉膛内燃烧产生高温火焰与烟气作为热源，来加热炉管中流动的油品，使其达到工艺操作规定的温度，以供给原油或油品进行分馏、裂解或反应等加工过程中所需要的热量，保证生产的正常进行。

例如：在常减压蒸馏装置中常压炉就是将原油加热到一定温度，使之汽化从而达到分馏的目的。管式加热炉消耗着大量的能量，是油品进行蒸馏、裂解、转化的核心设备。加热炉操作的好坏直接关系着装置乃至整个工厂的产品质量、收率和平稳运行。

管式加热炉加热方式与其他加热方式，例如与换热器比较，其特点主要是：加热温度高(可达1000℃左右)，传热能力大和便于操作管理。

因此，学习并掌握加热炉的基本原理和知识，正确操作，并对加热炉加强研究、管理和总结操作经验，对于装置的长周期、高效运行有着十分重要的意义。

一、管式加热炉的形式

管式加热炉按炉体形状来划分，可分为：箱式炉(方箱炉、斜顶炉)、立式炉、圆筒炉和无焰炉等。

箱式炉和斜顶炉是我国20世纪50年代石油加工厂常用的炉型，由于这两种炉型占地面积大，构造复杂、金属用量大、造价高等缺点，现在已被逐步淘汰。在20世纪70年代以后，我国各石油加工厂广泛使用的炉型为立式炉、圆筒炉和大型方箱炉。

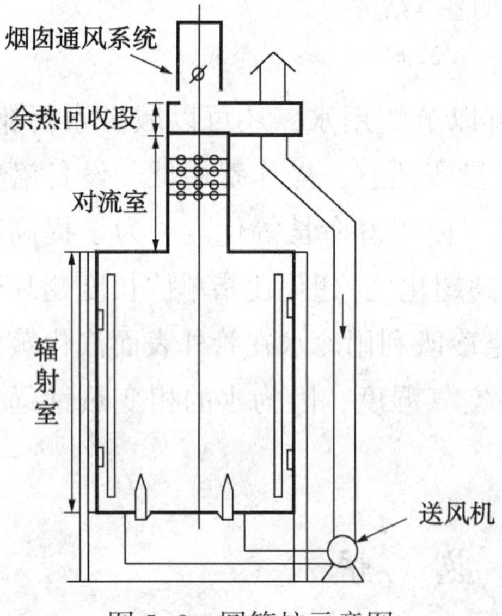

图5-9　圆筒炉示意图

目前我国石油加工厂中小型加热炉用的最多的是圆筒炉(见图5-9)，立式炉常用于焦化装置，大型方炉一般应用于超大型加热炉。

圆筒炉结构如图所示，在辐射室内辐射炉管沿炉墙周围排成一圈，由于燃烧器位于加热炉的底部，火焰竖直向上喷射，火焰是和炉管平行且等距离的，所以在同一水平截面上各炉管的热强度是均匀分布的，但是每根炉管沿炉长的热强度分布是不均匀的。为此在小型圆筒炉上通常在辐射室顶部悬挂高铬镍合金钢的辐射锥，用它的再辐射作用使炉管的轴向热强度趋于均匀。但是由于辐射锥的材质为高铬镍合金钢，费用较高，一般圆筒炉的热负荷大于4MW时，就不再采用辐射锥。

圆筒炉具有占地面积小、结构简单、紧凑，设计、制造及施工安装比较方便的特点；炉子的热负荷越小，采用圆筒炉炉型的优越性越突出。所以对于油品纯加热的中小型炉子大多采用圆筒炉。

二、管式加热炉的一般结构

管式加热炉一般由辐射室、对流室、余热回收系统、燃烧器以及通风系统组成。

1. 辐射室

辐射室是加热炉的主要热交换场所，作为加热炉的最重要部位，承担着全炉70%~80%的热负荷，而且这部分直接受到高温烟气的冲刷且温度最高，因此辐射室的运行状况好坏直接关系到整个加热炉能否长周期高效运行。

2. 对流室

对流室是利用从辐射室出来的烟气进行对流换热的部分。对流室内密布多排炉管，烟气以较大速度冲刷这些管子，进行有效的对流换热。对流室一般担负着全炉20%~30%的热负荷。对流室一般布置在辐射室上方，与辐射室分开。为了提高对流传热效果，大多数加热炉在对流室的炉管采用钉头管和翅片管。

3. 余热回收系统

余热回收系统是指从离开对流室的烟气中进一步回收余热的部分，目前常减压装置加热炉的余热回收系统多采用燃烧用空气预热的方式。目前在常减压装置加热炉上应用最普遍的空气预热器为热管式空气预热器，安装方式有倾斜式和垂直式两种，前者一般位于对流室的上部，后者置于地面，需要有引烟机。

4. 燃烧器

燃烧器是加热炉产生热量的重要组成部分，包括喷嘴、配风器和燃烧道三部分。

燃烧器按燃料的不同可分为燃料油燃烧器、燃料气燃烧器和油-气联合燃烧器三大类；按供风方式的不同，可分为自然通风燃烧器和强制通风燃烧器等。目前常减压装置加热炉常用的燃烧器为强制通风、油-气联合燃烧器。

5. 通风系统

通风系统的任务是将燃料用空气导入燃烧器，并将废烟气引出加热炉，它分为自然通风方式和强制通风方式。

大多数加热炉炉内烟气侧阻力不大，依靠自然通风的方式安装在炉顶的烟囱足以保证加热炉的正常运行。近年来由于环境保护问题，石油加工厂已开始安设独立于炉群的超高型集合烟囱，这一烟囱通过烟道把若干台炉子的烟气收集起来，从100m左右的高处排放，以降低地面污染气体的浓度。

三、加热炉系统的安全、防爆措施

为保证加热炉的安全运行，加热炉系统主要的安全、防爆措施有：

（1）根据加热炉炉膛容积的大小，设有数量不等的防爆门，防止在炉膛压力突然升高时泄掉一部分压力，减轻炉子的损失；

（2）在炉膛设有炉膛灭火蒸汽线，主要作用是输入蒸汽排除炉膛内的爆炸气体，从而达到灭火、防爆的目的。当灭火蒸汽管喷入的蒸汽不够用时，可用雾化蒸汽从燃烧器喷入炉膛；

（3）在对流室管箱内设置消防灭火蒸汽线，一旦对流室炉管弯头发生泄漏着火时，提供掩护和灭火蒸汽；

（4）在加热炉瓦斯气管线上设置阻火器，防止回火起爆。在正常操作的情况下，只要瓦斯管道内不混入空气，而瓦斯又有一定压力喷出时，火焰是不会回到瓦斯管道内的，但在开停工或有空气漏入瓦斯管道时就有可能引起火焰回到管道内，并蔓延到整个管网内引起爆炸；

（5）在每个燃烧器上设置长明灯，防止因仪表或其他故障造成断气，再进气时引起爆炸。

（6）加热炉燃料系统设置紧急切断阀，在出现燃料压力过低、加热炉进料中断、停电、炉内超温等事故时，紧急切断进加热炉燃料，防止炉内闪爆、炉膛或炉管超温等事故发生。

四、加热炉日常操作中的问题及解决方法

1. 加热炉的安全运行与点火

加热炉在运行过程中发生爆炸是由于空气不足，燃料燃烧不完全，当高温炉膛内瓦斯达到一定浓度时可能会发生爆炸事故；另外加热炉在开工阶段，点火前炉膛未进行蒸汽彻底吹扫或者刚点着又熄灭，未进行蒸汽吹扫又接着点火也容易引起爆炸。

为防止加热炉发生爆炸事故需做到以下几点：

（1）燃烧器在点火前要彻底对炉膛进行蒸汽吹扫，待烟囱见汽化验分析合格后方可进行点火作业；

（2）燃烧器在点着又熄灭的情况下，应立即关闭燃料阀门，然后向炉膛内吹蒸汽待烟囱见汽化验分析合格后再重新点火；

（3）在加热炉正常运行中，如发现空气量不足，应立即查明原因及时处理，使燃料充分燃烧。

2. 燃料正常燃烧的现象和条件

燃料在炉膛内正常燃烧的现象是：燃烧完全、火焰刚直有力、炉膛明亮。燃料油燃烧时，火焰呈杏黄色；燃料气燃烧时，火焰呈蓝白色；烟囱排烟呈无色或淡蓝色。

为保证燃料的正常燃烧，燃料压力必须稳定且不带杂质，燃料气不得带入液相组分，燃料油不得带水且温度保持在130℃以上；风压稳定、风量适中。

3. 影响加热炉出口温度波动的因素

影响加热炉出口温度波动的原因有：

（1）炉膛温度发生变化；

（2）入炉原料油温度、流量、性质发生变化；

（3）燃料系统压力或燃料性质发生变化，燃料气带液或燃料油带水；

（4）燃料油雾化蒸汽压力发生变化，燃料油雾化效果不好；

（5）仪表自动控制失灵。

4. 保证炉出口温度平稳的主要措施

（1）及时准确的调节加热炉的“三门一板”，做到燃料燃烧状况良好；

（2）应该随时掌握入炉原料的温度、流量、压力的变化情况；

（3）保证燃料压力、性质平稳，作好燃料排凝、脱水工作；

（4）燃料系统、雾化蒸汽等发生问题后，及时联系有关单位处理解决。

（5）加强仪表自控的日常维护，出现问题及时处理；

（6）切换火嘴要做到间隔进行；

（7）加热炉提降进料量时，要缓慢进行以保证炉出口温度的平稳。

5. 回火

当空气与瓦斯的混合气体流出的速度低于火焰传播速度时，火焰回到燃烧器内燃烧，这种现象叫回火。回火有时会引起爆振或熄火，长时间也可能烧坏混合室或引起其他事故。

处理措施为：当瓦斯供应不充足时，开大瓦斯控制阀门或提高瓦斯压力；当瓦斯供应充足时，调节燃烧器的风门可以使空气与瓦斯混合物的流出速度大于火焰的传播速度，即可达到解决和预防回火的目的。

6. 脱火

当空气与瓦斯的混合物流出速度很高，燃料离开喷头一段距离才着火，这种现象叫脱火。脱火时火焰燃烧不稳定，以至熄火。

处理措施为视情况减小燃料和空气的送入量。

7. 熄火

造成燃烧器熄火的原因很多，如燃料压力波动、瓦斯中带入液相组分、一次风风量过大、燃烧器喷嘴堵塞等均可造成燃烧器熄火。当发生熄火时应立即关闭燃料阀门，防止大量燃料进入炉膛发生闪爆。

8. 燃油燃烧器滴油

在加热炉操作中，经常碰到油嘴漏油或淌油，其原因为：

(1) 燃料油温度较低；

(2) 燃料油内杂质或油泥较多堵塞喷头；

(3) 蒸汽压力降低或燃油压力升高雾化不好；

(4) 油枪连接处密封不好；

(5) 开工时由于炉膛和火道砖温度较低，燃料油管线内存有不易雾化的冷油或雾化蒸汽带水均可造成漏油。

处理措施为按相应原因来处理。需要注意的是燃油压力一般要求比蒸汽压力小 98kPa 左右、而且燃料又不能采用太轻的油，雾化蒸汽一般采用过热蒸汽。

9. 烟囱冒黑烟

(1) 在日常操作中，由于各种原因造成加热炉烟囱冒黑烟，一般有以下几种原因：

① 烟道挡板或燃烧器一、二次风门配比开度不合适，造成氧含量较低，燃料不能充分燃烧；

② 燃料气中带入液相组分；

③ 燃油燃烧器的雾化蒸汽压力突然下降，造成燃料油雾化不好；

④ 燃料油控制阀门仪表失灵，控制阀全开；

⑤ 加热炉炉管烧穿造成介质外漏。

(2) 根据以原因采取的处理措施为：

① 调节加热炉的“三门一板”开度，确保燃料充分燃烧，另外在加热炉提负荷时要缓慢进行，既防止因燃料量的突然增加造成不完全燃烧冒黑烟，又可以平稳炉出口温度；

② 瓦斯罐及时排凝，并联系相关部门处理；

③ 在雾化蒸汽的压力下降后，应及时调整燃料油压力，使油压比蒸汽压力小 98kPa，并调节好油汽比，使燃料油达到良好的雾化；

④ 在燃料油控制阀失灵时，立即改自动为手动操作；

⑤ 观察加热炉炉管烧穿的程度，并立即熄火。不严重时，按正常停工处理，若炉管破裂严重，介质大量外漏，则按紧急停工处理。

第四节　塔

在石油、化工、轻工等生产部门中，塔设备主要应用于气液两相或液液两相相间的传质过程，如精馏、吸收解吸、萃取等工艺。这些工艺过程是在一定的温度、压力、流量等条件下在塔内进行的。要完成上述过程必须使塔的结构能保证气—液两相或液—液两相的充分接触和必要的传质、传热面积以及两相的分离空间。

因此，根据传质过程的种类不同及工艺条件的差异，要求塔设备的结构类型会有很大区别，塔设备除应满足工艺的特殊要求外，一般还需满足下列条件：

(1) 对于一定大小结构的塔，生产能力越大，分离或吸收效率越高、越好。因此，在塔的结构上要保证两相充分的接触时间和接触面积以及两相的通量。

(2) 要尽可能减小塔在操作过程中的动力和热量消耗。为此必须尽力减少塔内流体的阻力损失和热量损失，从而达到节能的目的。

(3) 要使塔有较大的操作弹性，以便于操作。为此在塔的结构上要考虑尽力减少雾沫夹带量和泄漏量以及液泛的可能性。

(4) 塔的结构要简单，节省材料、易于制造和安装检修，使用周期长，才能降低产品成本，获得较高的经济利益。

一个塔设备能够同时满足上述各方面的要求是很难的。因此，要根据传质种类和操作条件的不同，正确分析上述各项要求，来确定合理的塔设备类型和内部结构。

在传质过程中常用的塔设备大致可分为两大类：板式塔和填料塔。选择什么类型塔，涉及的因素也很多，应从满足生产工艺条件的要求出发，对塔型的优缺点进行综合评价。

一般情况下，板式塔与填料塔的选择，应权衡下述几方面的内容：

(1) 塔板与填料的性能对比；

(2) 塔板与填料的投资、操作费用对比；

(3) 系统的物性特点；

(4) 操作条件。

一、板式塔的种类和结构

在石油加工行业，目前板式塔所占比例比填料塔大，用于精馏过程比用于吸收过程的较多。塔设备一般都较高，特别是在石油和有机化工生产中，用于双组分和多组分分离的精馏塔，因各组分的相对挥发度较小，采用的塔盘结构各不相同，所需塔板数也较多，塔高一般在几十米甚至百米以上。同时由于石油加工企业向大型化发展，所需塔径也逐渐增大。

1. 板式塔的种类

板式塔的形式很多，分类方法也各不相同，具体如表 5-1 所示。

表 5-1 板式塔分类

<table>
<tr><td rowspan="3">按气液在塔板上的流向分</td><td rowspan="3">气-液呈错流的塔板
气-液呈逆流的塔板
气-液呈并流的塔板</td><td rowspan="2">按有无溢流装置分</td><td rowspan="2">无溢流装置板式塔
有溢流装置板式塔</td></tr>
<tr></tr>
<tr><td>按塔盘结构分</td><td>泡罩塔、浮阀塔、筛板塔等</td></tr>
</table>

2. 塔盘

塔盘的种类多种多样：筛板、泡罩、浮阀、舌形、网孔、多降液管塔盘(MD)、穿流筛板、栅纹穿流板(无降液管塔板)等等。每一类下面有很多小类。比如浮阀又分 V-1 形浮阀、V-4 形浮阀(圆形浮阀)；HTV 船型；T 形、B 形浮阀(条形阀板)等。下面介绍几种最常用的塔盘。

(1) 泡罩。泡罩塔板(见图 5-10)是工业生产上最早出现的塔板(1813 年)，至今已有近 200 年的历史了，广泛应用在精馏、吸收、解吸等传质过程中。

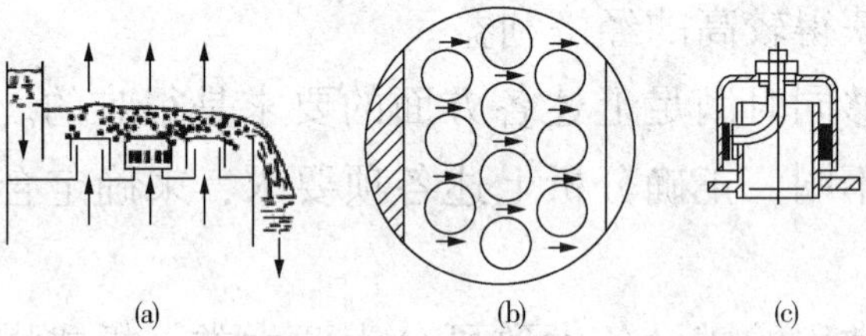

图 5-10 泡罩塔板示意图

(a) 工作原理；(b) 俯视图；(c) 泡罩结构

随着石油加工生产的发展和技术的进步，不断出现了种类繁多的新型高效板式塔，使泡罩塔的使用范围逐渐缩小，但至今石化生产中仍然还有使用的，因为它具有以下优点：

① 气液两相接触比较充分，传质面积较大，因此塔板效率较高；

② 操作弹性较大，便于操作；

③ 具有较高的生产能力，适用于大型生产。

它被逐渐淘汰的原因是结构复杂，造价较高，塔板压降较大等。

(2) 浮阀。浮阀是 20 世纪 50 年代初发展起来的一种新型塔盘结构，目前在实际工业中应用最广泛。浮阀塔盘的结构特点是在塔板上开有若干阀孔，见

图 5-11，每个阀孔装有一个可上下浮动的阀片，阀片本身连有几个阀腿。阀腿的作用是限制浮阀升起的高度和避免浮阀被气流冲走。阀片周围冲有几个略向下弯的定距片，当气速较低时，由于定距片的作用，阀片和塔板以点接触形式坐落在塔板上，可防止阀片粘贴在塔板上。

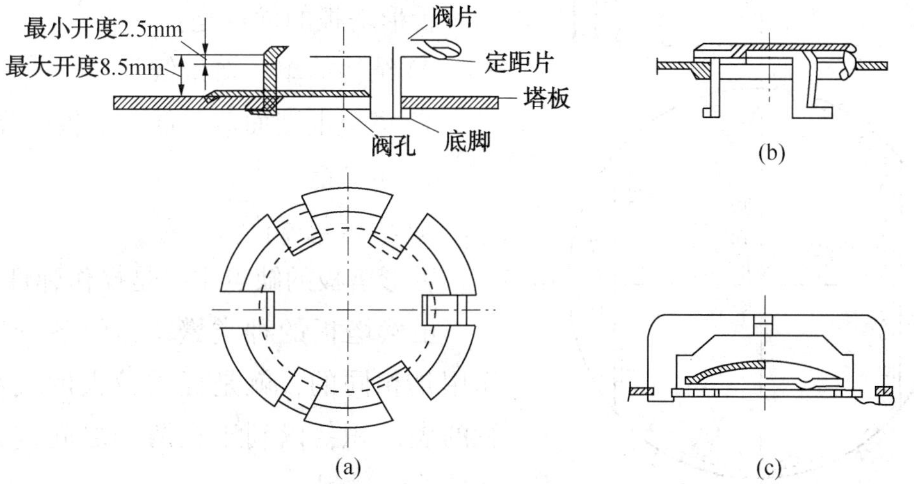

图 5-11　浮阀结构示意图

浮阀塔具有以下优点：

① 生产能力较大，比泡罩塔高 20%～40%，和筛板塔接近；

② 操作弹性大，由于浮阀可以根据气速大小自由升降，关闭或开启，当气速变化时，开度大小可以自动调节，适用于炼量波动和变化的情况；

③ 塔板效率较高，上升气体以水平方向吹入液层，气液两相接触充分，因此一般比泡罩塔高 15%左右；

④ 塔板压降小；

⑤ 造价低，结构较简单，制造容易，检修方便。

浮阀塔对材料的抗腐蚀要求较高，一般都采用不锈钢制造，以免在操作中被腐蚀而卡住，不能上下活动。

（3）筛板。筛板全称是筛孔塔板，它的结构和浮阀相类似，不同之处是塔板上不是开设装置浮阀的阀孔，而只是在塔板上开设许多直径 3～5mm 的筛孔，因此结构非常简单。如图 5-12 所示。

筛板塔的主要优点就是结构简单，造价仅为泡罩塔的 60%；塔板上液面落差低，塔板压降小；生产能力大；塔板效率高。主要缺点就是操作弹性小；筛孔易堵塞，不适合处理高黏度、易结焦的物料。

（4）舌形塔板。舌形塔板的结构特点是：在塔板上开出许多舌孔，方向和

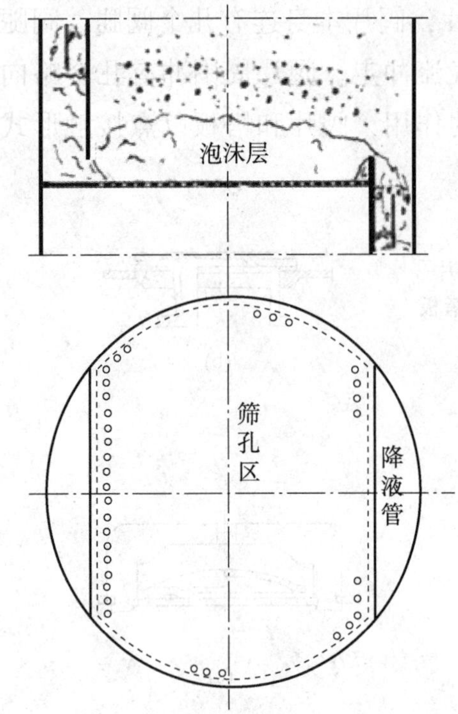

图 5-12　浮阀结构示意图

液体流动方向一致，舌片和塔板平面成一定的角度。舌孔按正三角形排列，塔板的流出侧没有溢流堰，只保留降液管，如图5-13所示。

舌形塔板的优点是：

① 结构简单，造价低；

② 塔板上液面落差低，塔板压降小；

③ 生产能力大；

④ 塔板效率高。

舌形塔板的缺点主要是操作弹性小。

虽然塔板的种类繁多，但各种塔板的作用是相同的，就是提供较大的气液相接触的表面积，以利于在两相之间进行传质和传热的过程。

3. 板式塔结构

板式塔是逐级接触式的气液传质设备，最普通的板式塔是由壳体、塔板、溢流堰、降液管、受液盘等部件组成。普通蒸馏塔结构见图5-14。

图 5-13　舌形塔板示意图

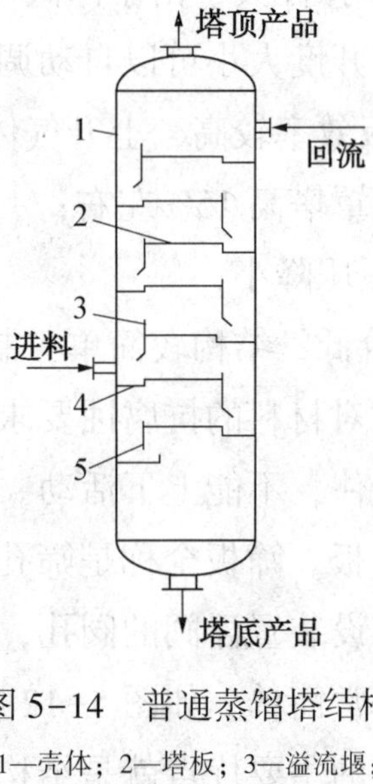

图 5-14　普通蒸馏塔结构

1—壳体；2—塔板；3—溢流堰；4—受液盘；5—降液管

（1）壳体。蒸馏塔的壳体外形均为圆柱形。以前的蒸馏塔的材质多选用普通碳钢，随着原油硫含量的不断升高，壳体也随之升级。现在的蒸馏塔基本上都是使用复合钢板制造的，即外层钢板使用普通碳钢，内层塔板使用不锈钢或者防腐能力更高的316L等高等级钢材。

（2）塔顶部分。在蒸馏塔内的顶端一般是气体出口的管口。在顶端到第一层塔板这一段是气液分离的空间。此空间较大，以降低气体上升速度，便于液滴从气相中分离出来。有些塔的塔顶为了除掉气相中的液滴或泡沫，还装有惯性分离或离心分离装置。

（3）塔底部分。塔底部分的空间也非常大。它的作用一是储存大量的液体以稳定下一单元的进料，二是在此进行气液分离，使塔底重组分中所携带的轻组分回到塔上部。为达到此目的，在塔底一般设有汽提蒸汽盘管或汽提蒸汽分布管，也有相当多的塔使用重沸器来加热塔底油以驱赶出其中的轻组分。

在塔底封头的最底部是塔底油的抽出口，在抽出口上装有防涡板，以避免液体在抽出口处形成旋涡，将塔内气体抽走，造成泵抽空。对于一些含杂质的液体，比如催化裂化装置的分馏塔，除了防涡板外还设有防焦网，以避免油浆将催化剂焦块携带入管线内，堵塞管线、换热器管束或磨穿管线、阀门。

（4）进料段。进料段的主要作用是将已部分汽化的油品迅速、彻底地分成气相、液相两部分。为此，开发出许多种进料装置，如单切线进料、双切线进料等等。进料段也需要一定大的空间，以增加气液相分离时间。

（5）塔盘结构。塔盘安装时采用分块安装或整体安装两种方式，选择的依据是根据塔径的大小和安装检修的方便来确定的。

塔盘间的距离和塔径大小要根据工艺计算出来的雾沫夹带量、气相负荷、液相负荷等参数来确定。塔盘间距太大会使整个塔的高度增加，塔盘间距过小则易产生雾沫夹带和液泛，因此塔盘间距选择要合适，一般采用400mm、600mm、800mm三种距离。对于开有人孔、返塔口、抽出口等层，塔盘间距要大些，以便于安装检修。

二、填料塔的种类和结构

填料塔是在圆柱形筒体内设置填料，使气液两相通过填料层时达到充分接触，完成气液两相的传质过程。填料塔具有结构简单，填料可用耐腐蚀材料制作的特点，同时填料塔的压力降也比板式塔小，所以是石油加工生产中广泛应用的传质设备。

1. 填料塔的总体种类

填料塔的结构较板式塔简单。这类塔由塔体、喷淋装置、填料、分布器等组成。气体进入塔内后，经填料上升，液体则由喷淋装置喷出后，沿填料表面下流，气液两相便得到充分接触，从而达到传质的目的。

2. 填料的种类和特性

(1) 填料的特性。填料的特性常用下面几个参数说明：

① 填料的尺寸，常以填料的外径、高度和厚度数值的乘式来表示。例如 10×10×1.5 的拉西环，则表示拉西环外径为 10mm、高度为 10mm、厚度为 1.5mm。

② 单位体积中填料的个数 n，即每立方米体积内装多少个填料。

③ 比表面 σ，单位体积内填料所具有的表面积，m^2/m^3。

④ 空隙率(也叫自由体积) ε，即塔内每立方米干填料净空间(空隙体积)所占的百分数，m^3/m^3。填料上喷淋液体后，由于填料表面挂液，则空隙率减小。

⑤ 堆积密度 ρ，即单位体积内填料的质量，kg/m^3。

(2) 填料的种类。填料塔所采用的填料根据装填方式主要分两大类：乱堆填料和规整填料。其中乱堆填料是指将一个个具有一定几何形状和尺寸的颗粒体，一般以随机的方式堆积在塔内，又称为散装填料或颗粒填料。乱堆填料根据结构特点不同，又可分为环形填料、鞍形填料、环鞍形填料及球形填料等。现介绍几种较为典型的乱堆填料。

① 乱堆填料

图 5-15 拉西环

(a) 拉西环填料拉西环填料于 1914 年由拉西(F Rashching)发明，为外径与高度相等的圆环。如图 5-15 所示。拉西环填料的气液分布较差，传质效率低，阻力大，通量小，目前工业上已较少应用。

(b) 鲍尔环填料如图 5-16 所示，鲍尔环是对拉西环的改进，在拉西环的侧壁上开出两排长方形的窗孔，被切开的环壁的一侧仍与壁面相连，另一侧向环内弯曲，形成内伸的舌叶，诸舌叶的侧边在环中心相搭。鲍尔环由于环壁开孔，大大提高了环内空间及环内表面的利用率，气流阻力小，液体分布均匀。与拉西环相比，鲍尔环的气体通量可增加 50%以上，传质效率提高 30%左右。鲍尔环是一种应用较广的填料。

(c) 阶梯环填料如图 5-17 所示，阶梯环是对鲍尔环的改进，与鲍尔环相比，阶梯环高度减少了一半并在一端增加了一个锥形翻边。由于高径比减少，使得气体绕填料外壁的平均路径大为缩短，减少了气体通过填料层的阻力。锥形翻边不仅增加了填料的机械强度，而且使填料之间由线接触为主变成以点接触为主，这样不但增加了填料间的空隙，同时成为液体沿填料表面流动的汇集分散点，可以促进液膜的表面更新，有利于传质效率的提高。阶梯环综合性能优于鲍尔环，成为目前所使用的环形填料中最为优良的一种。

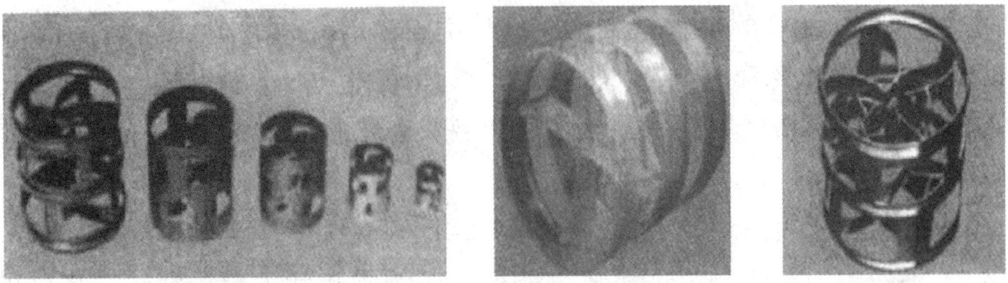

(a) 金属鲍尔环填料　　(b) 塑料鲍尔环填料　　(c) 改型鲍尔环填料

图 5-16　鲍尔环填料

(a) 金属阶梯环填料　　(b) 塑料阶梯环填料

图 5-17　阶梯环填料

（d）金属环矩鞍填料如图 5-18 所示，环矩鞍填料是兼顾环形和鞍形结构特点而设计出的一种新形填料，该填料一般以金属材质制成，故又称为金属环矩鞍填料。环矩鞍填料将环形填料和鞍形填料两者的优点集于一体，其综合性能优于鲍尔环和阶梯环，在散装填料中应用较多。

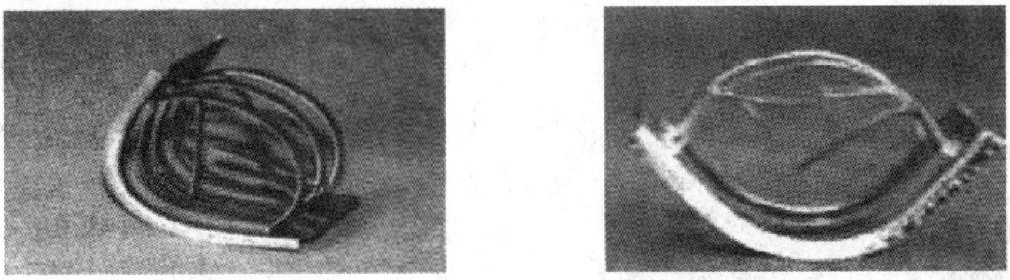

(a) 金属环矩鞍填料　　(b) 金属环矩鞍填料(Intalox)

图 5-18　金属环矩鞍填料

除上述几种较典型的乱堆填料外，近年来不断有构形独特的新形填料开发出来，如共轭环填料、海尔环填料、纳特环填料等。工业上常用的乱堆填料的特性数据可查有关手册。

② 规整填料。规整填料是按一定的几何构形排列，整齐堆砌的填料。规整填料种类很多，根据其几何结构可分为格栅填料、波纹填料、脉冲填料等。

（a）格栅填料。格栅填料（见图 5-19）是以条状单元体经一定规则组合而成的，具有多种结构形式。工业上应用最早的格栅填料为木格栅填料。前应用较为普遍的有格里奇格栅填料、网孔格栅填料、蜂窝格栅填料等，其中以格里奇格栅填料最具代表性。

格栅填料的比表面积较低，主要用于要求压降小、负荷大及防堵等场合。

（b）波纹填料。它是由许多波纹薄板组成的圆盘状填料，波纹与塔轴的倾角有 30°和 45°两种，组装时相邻两波纹板反向靠叠。各盘填料垂直装于塔内，相邻的两盘填料间交错 90°排列。波纹填料按结构可分为网波纹填料和板波纹填料两大类，其材质又有金属、塑料和陶瓷等之分。波纹填料的优点是结构紧凑，阻力小，传质效率高，处理能力大，比表面积大（常用的有 125、150、250、350、500、700 等几种）。如图 5-20 所示。

图 5-19　格栅填料

图 5-20　波纹板规整填料

波纹填料的缺点是不适于处理黏度大、易聚合或有悬浮物的物料，且装卸、清理困难，造价高。

（c）脉冲填料。它是由带缩颈的中空棱柱形个体，按一定方式拼装而成的一种规整填料。脉冲填料组装后，会形成带缩颈的多孔棱形通道，其纵面流道交替收缩和扩大，气液两相通过时产生强烈的湍动。在缩颈段，气速最高，湍动剧烈，从而强化传质。在扩大段，气速减到最小，实现两相的分离。流道收缩、扩大的交替重复，实现了"脉冲"传质过程。如图 5-21 所示。

图 5-21　脉冲填料

脉冲填料的特点是处理量大，压降小，是真空精馏的理想填料。因其优良的液体分布性能使放大效应减少，故特别适用于大塔径的场合。

3. 填料塔与板式塔的比较

对于许多气液逆流接触过程，填料塔和板式塔都是可以适用的，设计者必须根据具体情况进行选用。填料塔和板式塔有许多不同点，了解这些不同点对于合理选用塔设备是有帮助的。

(1) 填料塔操作范围较小，特别是对于液体负荷变化更为敏感。当液体负荷较小时，填料表面不能很好地润湿，传质效果急剧下降；当液体负荷过大时，则容易产生液泛。设计良好的板式塔，则具有大得多的操作范围。

(2) 填料塔不宜于处理易聚合或含有固体悬浮物的物料，而某些类型的板式塔(如大孔径筛板、泡罩塔等)则可以有效地处理这种物质。另外，板式塔的清洗亦比填料塔方便。

(3) 当气液接触过程中需要冷却以移除反应热或溶解热时，填料塔因涉及液体均布问题而使结构复杂化。板式塔可方便地在塔板上安装冷却盘管。同理，当有侧线出料时，填料塔也不如板式塔方便。

(4) 以前乱堆填料塔直径很少大于0.5m，后来又认为不宜超过1.5m，根据填料塔的发展状况，板式塔直径一般不小于0.6m。

(5) 关于板式塔的设计资料更容易得到而且更为可靠，因此板式塔的设计比较准确，安全系数可取得更小。

(6) 当塔径不很大时，填料塔因结构简单而造价便宜。

(7) 对于易起泡物系，填料塔更适合，因填料对泡沫有限制和破碎的作用。

(8) 对于腐蚀性物系，填料塔更适合，因可采用瓷质填料。

(9) 对热敏性物系宜采用填料塔，因为填料塔内的滞液量比板式塔少，物料在塔内的停留时间短。

(10) 填料塔的压降比板式塔小，因而对真空操作更为适宜。

第六章　软件系统说明

第一节　二维交互式 DCS 仿真系统

一、DCS 系统登录

（1）双击桌面 DCS 集散系统图标：

（2）在内操作员处输入学员组号、学号、姓名：备注 1：（组号以小写 n 开头接 100 以内数字，如：n_1、n_2……外操工厂端输入 w 开头接与内操相对应数字 100 以内，如：n_1 对 w_1、n_2 对 w_2……内外操为一组）。如图 6-1 所示。

图 6-1　DCS 系统登录示意图

(3) 在运行模式下拉选框中，单击冷态开车(见图6-2)。

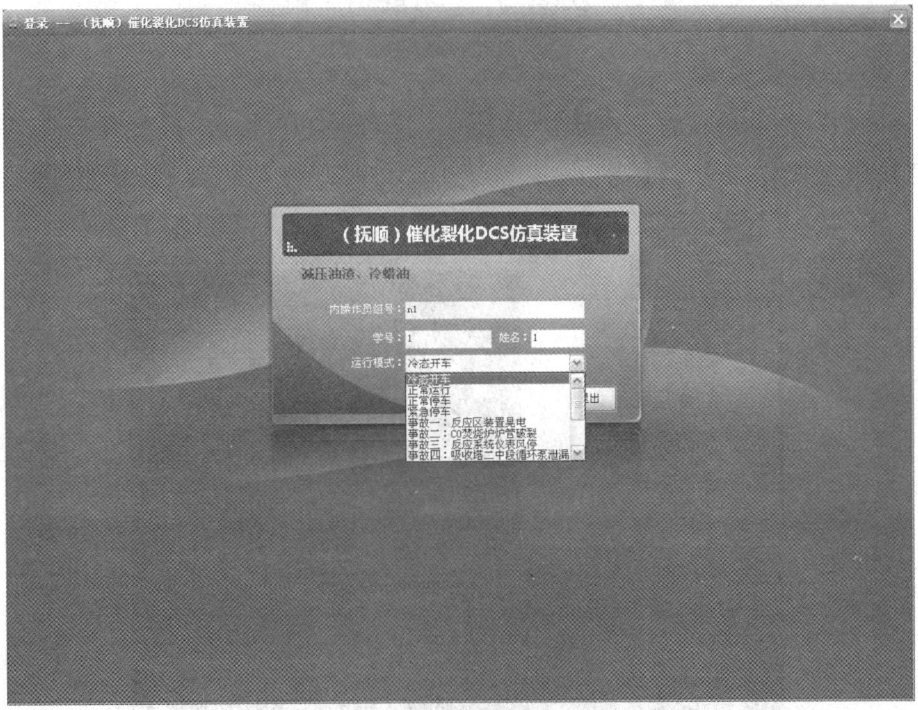

图6-2　DCS系统登录示意图

(4) 单击(图6-3)登录图标。

图6-3　DCS系统登录示意图

二、二维交互式 DCS 仿真系统功能介绍

1. 任务–提交考核

DCS 操作全部完成后，点击工具栏中“任务”菜单下的“提交考核”，系统操作结束并显示操作评分，见图 6-4。

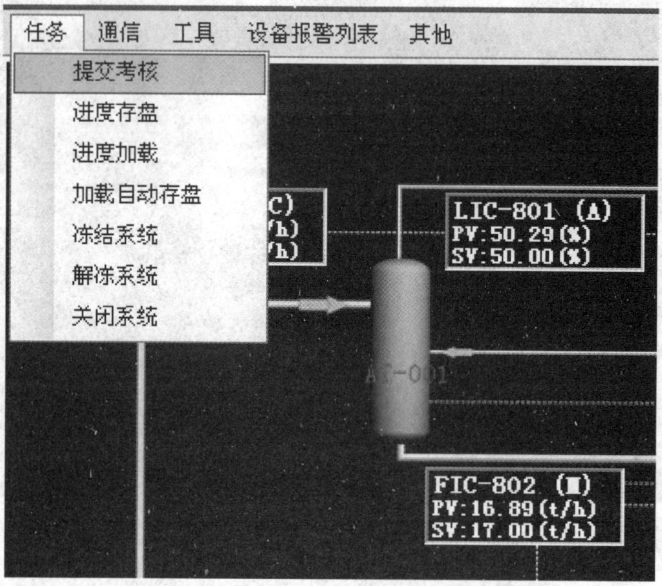

图 6-4　DCS 系统任务栏示操作意图

2. 任务–进度存盘

当操作未完成，需要保存操作进度时，点击工具栏中“任务”菜单下的“进度存盘”，在弹出的“另存为”窗口中记录文件名点击“保存”，见图 6-5 和图 6-6。

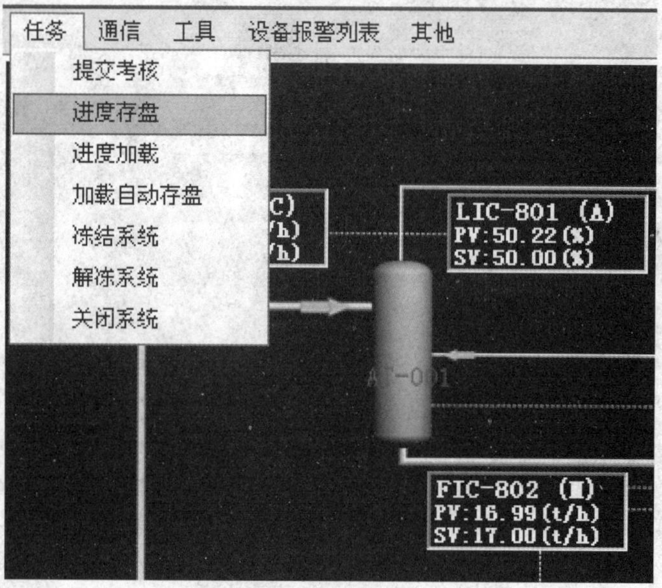

图 6-5　DCS 系统任务栏示操作意图

图 6-6 DCS 操作系统存档示意图

3. 任务-进度加载

当需要从保存的进度开始操作时，点击工具栏中“任务”菜单下的“进度加载”，在弹出的“打开”窗口中找到保存进度的文件点击“打开”，见图 6-7 和图 6-8。

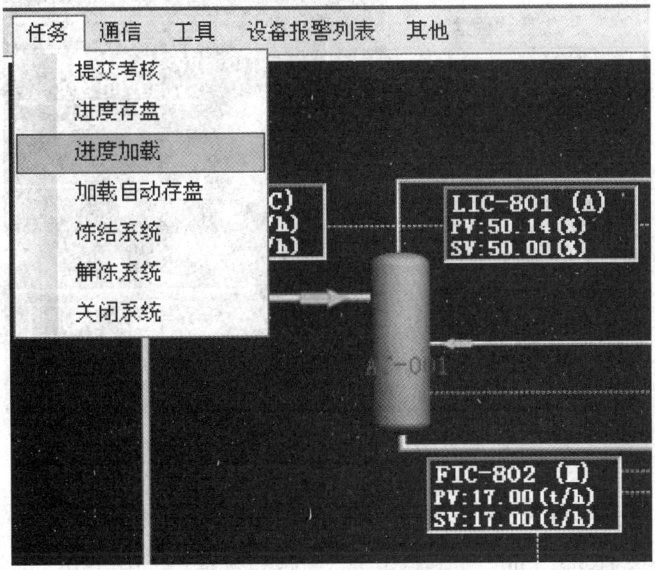

图 6-7 DCS 系统任务栏操作示意图

4. 任务-加载自动存盘

点击工具栏中“任务”菜单下的“加载自动存盘”，可以读取系统最近自动存储的数据，以防止断电等原因对操作造成的影响，见图 6-9。

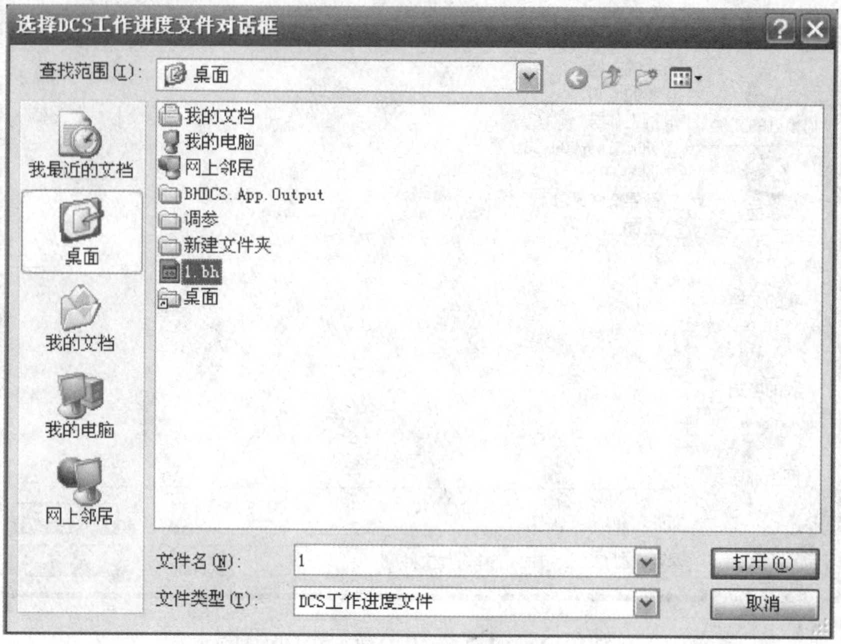

图 6-8　DCS 系统读盘示意图

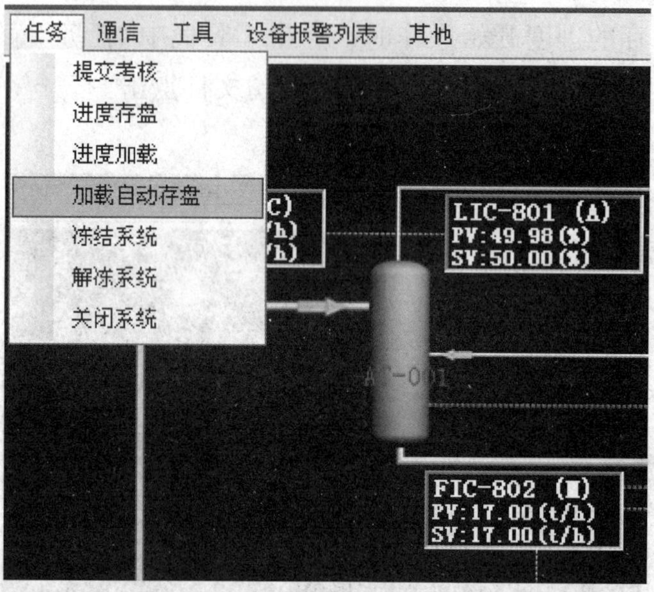

图 6-9　DCS 系统任务栏操作示意图

5. 任务-冻结/解冻系统

当需要暂停操作进度时，点击工具栏中“任务”菜单下的“冻结系统”，系统即被冻结，保持当前操作状态。当系统冻结后要继续进行操作时，点击工具栏中“任务”菜单下的“解冻系统”键，系统即被解冻，可以继续进行操作，见图 7-10。

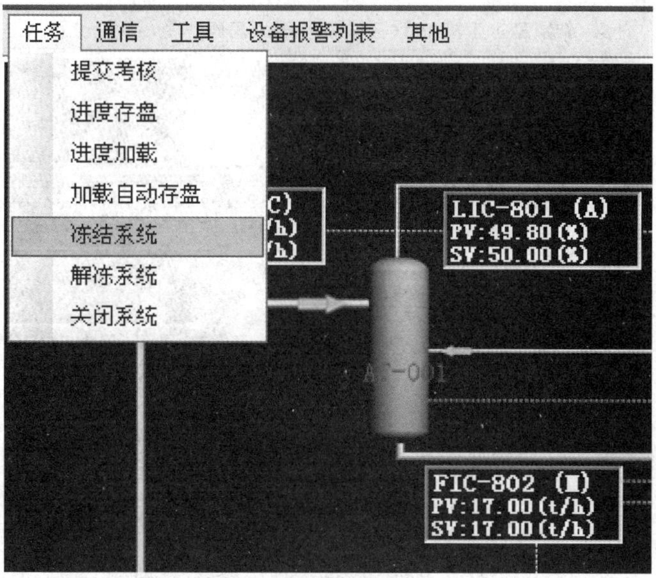

图 6-10 DCS 系统任务栏操作示意图

6. 任务-关闭系统

无数据保存将系统关闭。

7. 通信-VRS 仿真现场通讯

点击通信菜单下的"通信"选项(见图 6-11)，可与相对应的 VRS 仿真通过 DCS 软件对其进行操作。

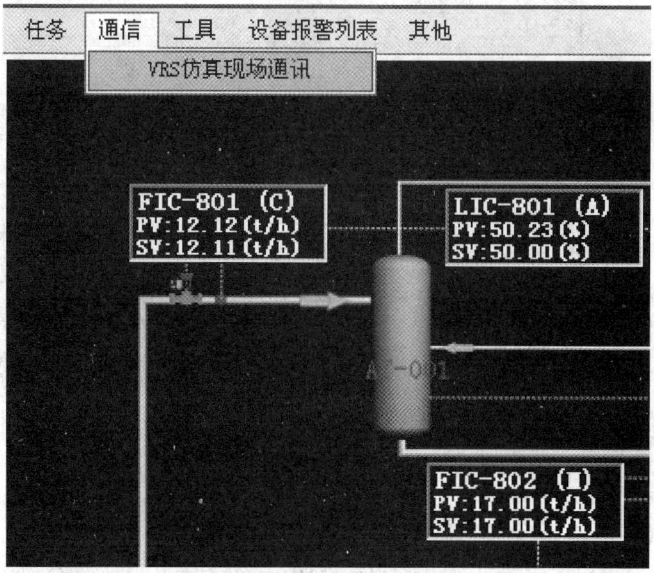

图 6-11 DCS 系统通信栏操作示意图

8. 工具-智能考评系统

点击工具栏中的"智能考评系统"(见图 6-12)，可显示装置操作信息(见图 6-13)。

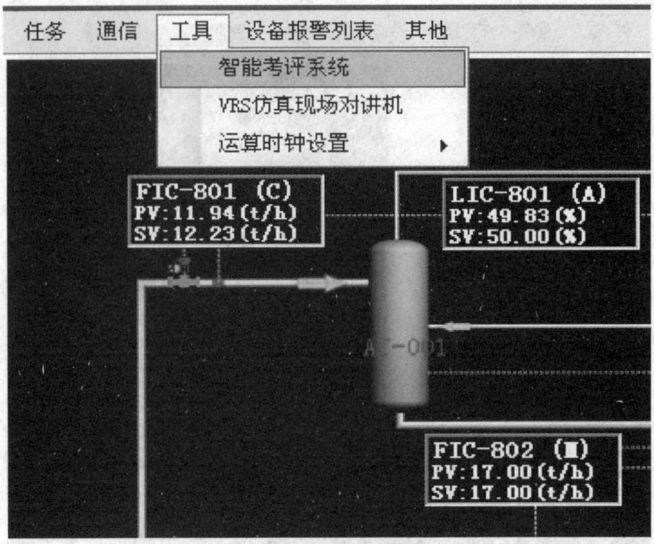

图 6-12 DCS 系统工具栏操作示意图

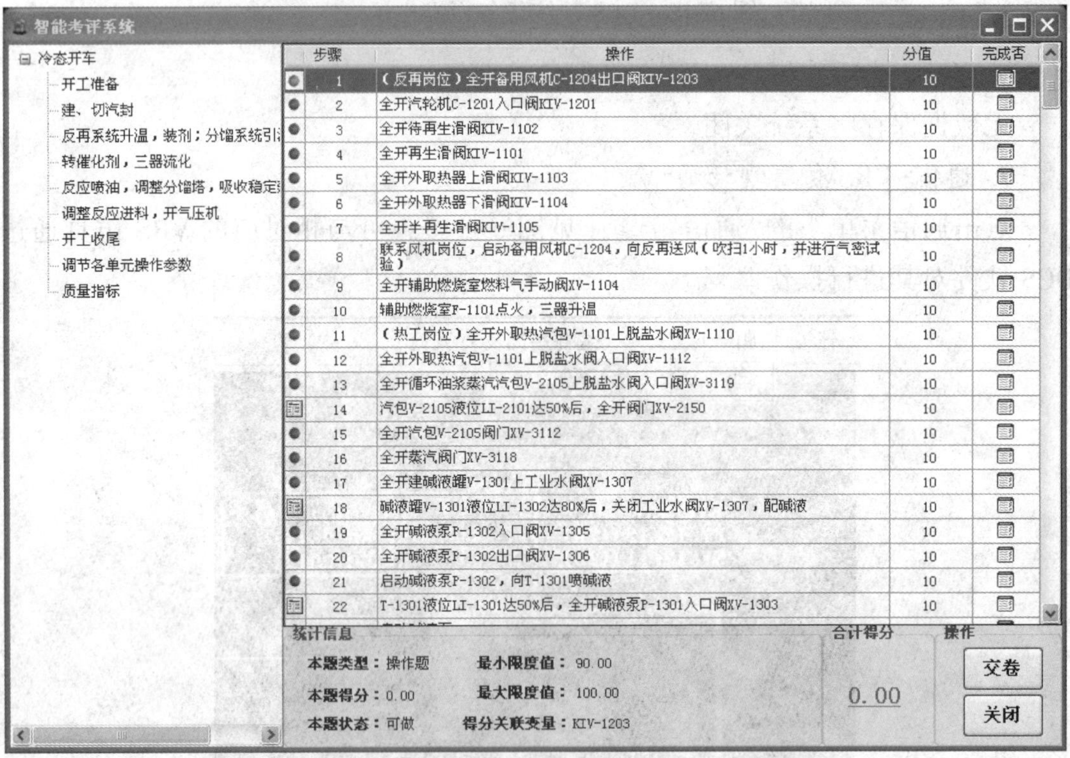

图 6-13 DCS 系统智能考评系统操作示意图

9. 工具-VRS 仿真现场对讲机

点击工具菜单下的“VRS 仿真现场对讲机”，可与 VRS 仿真现场进行实时对讲功能，见图 6-14 和图 6-15。

10. 工具-运算时钟设置

点击工具菜单下的“时钟运算设置”（见图 6-16），可调整反应速度，减少不必要的等待时间或因参数变化快误操作。

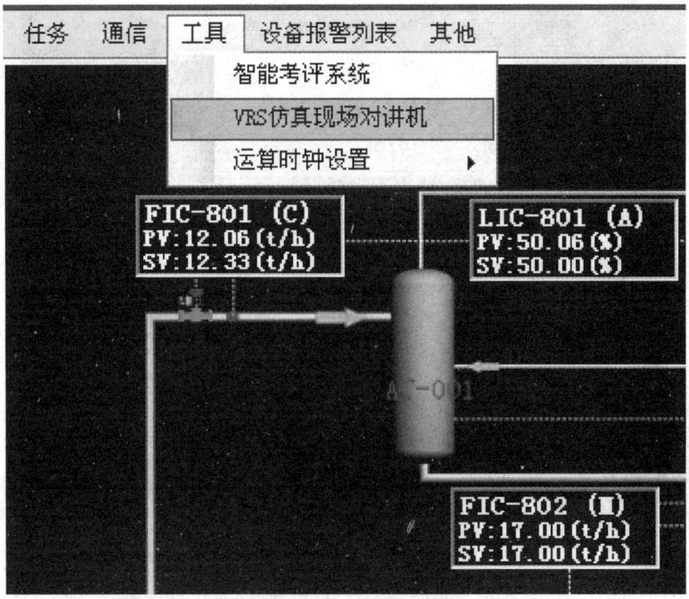

图 6-14　DCS 系统工具栏操作示意图

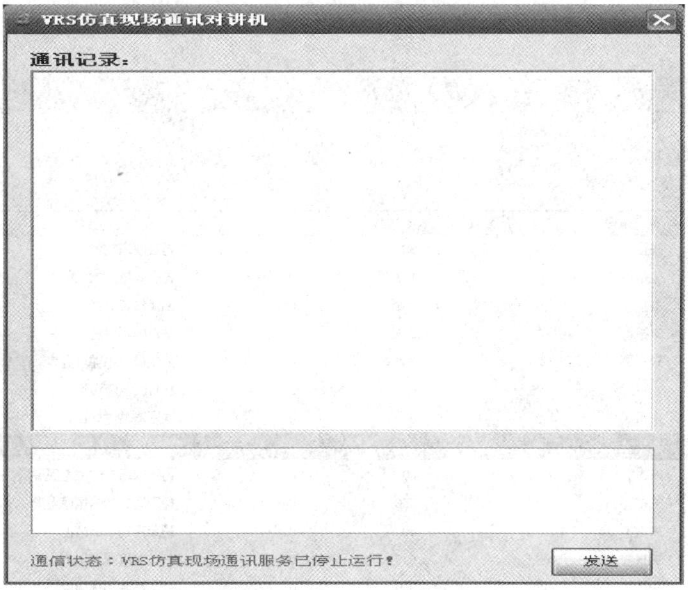

图 6-15　DCS 系统工具栏操作示意图

11. 设备报警列表

点击设备报警列表选项，将显示当前监控设备的报警状态，见图 6-17。

12. 其他-设备数据监控

点击其他功能菜单下的“设备数据监控”，可对系统中各变量的数据进行实时监控，便于对比分析管理，见图 6-18 和图 6-19。

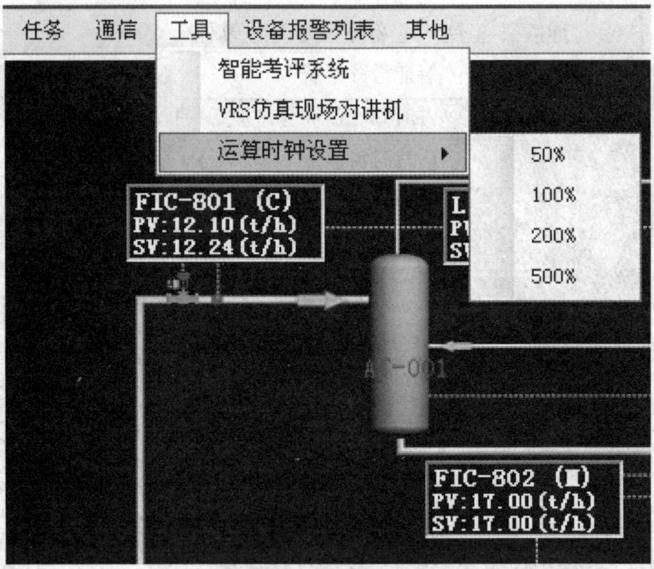

图 6-16　DCS 系统工具栏操作示意图

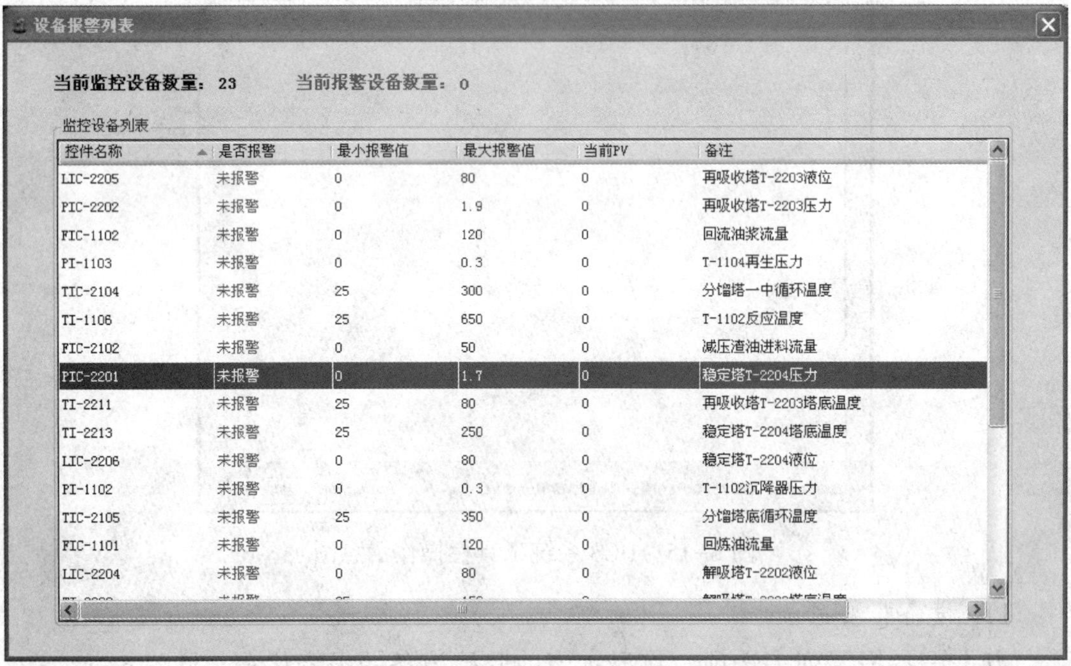

图 6-17　DCS 系统报警栏操作示意图

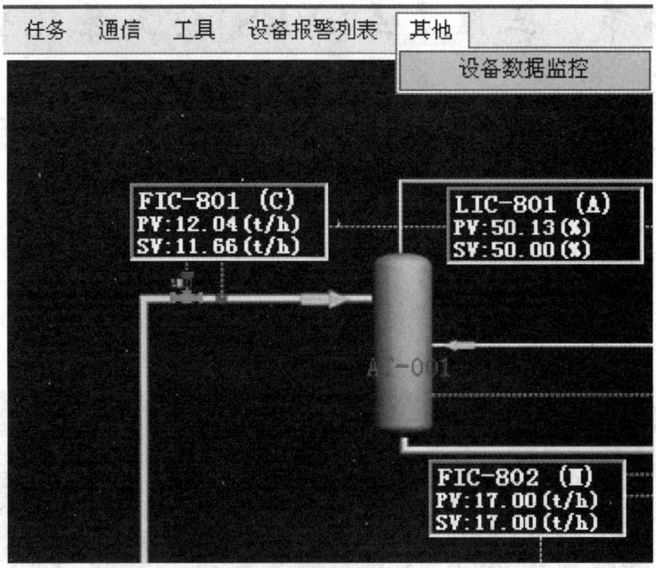

图 6-18　DCS 系统数据监控操作示意图

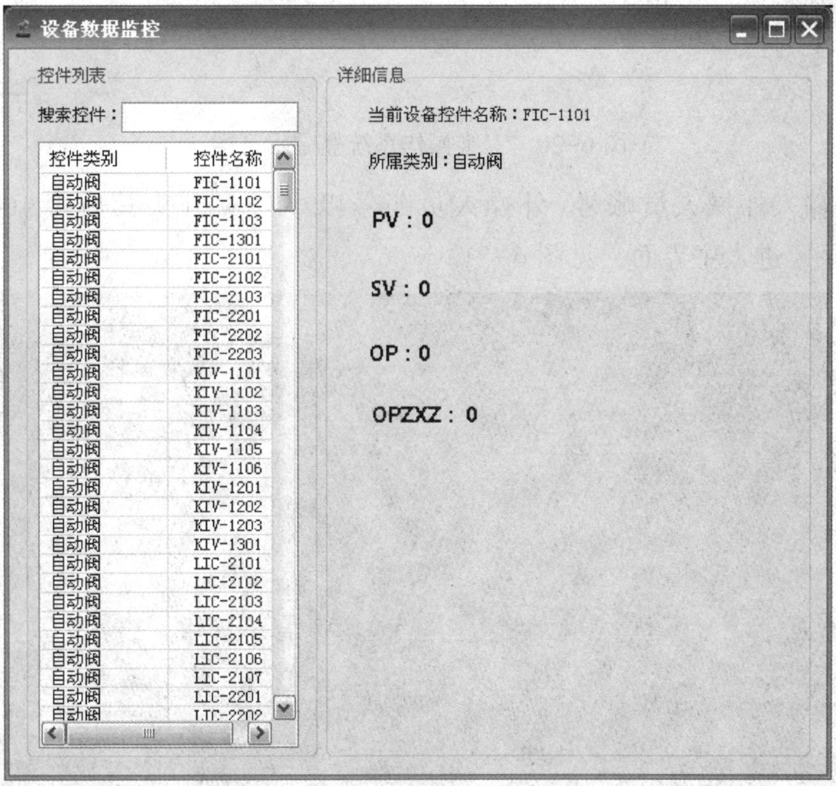

图 6-19　DCS 系统数据监控操作示意图

第二节　三维交互(VRS)仿真系统登录

一、三维交互仿真系统登录

(1) 双击桌面图标：

(2) 进入 VRS 系统登录界面，见图 6-20。

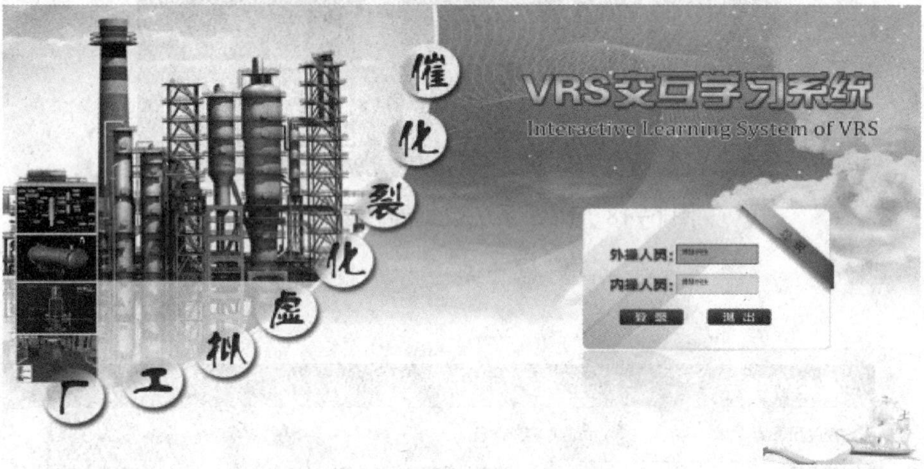

图 6-20　三维操作系统登录示意图

(3) 输入外操人员账号(外操人员账号以小写 w 开头其后接 100 以内数字)，登录，进入主界面，见图 6-21。

图 6-21　三维操作系统操作示意图

二、三维交互仿真系统基本功能

1. 冷态开车/正常停车/紧急停车/事故处理

点击冷态开车等模式，开始进行装置操作，此时弹出通信显示和对话内容(见图 6-22)。

图 6-22　三维操作系统操作示意图

2. 注意事项

进入工厂中需要注意的条款(见图 6-23)。

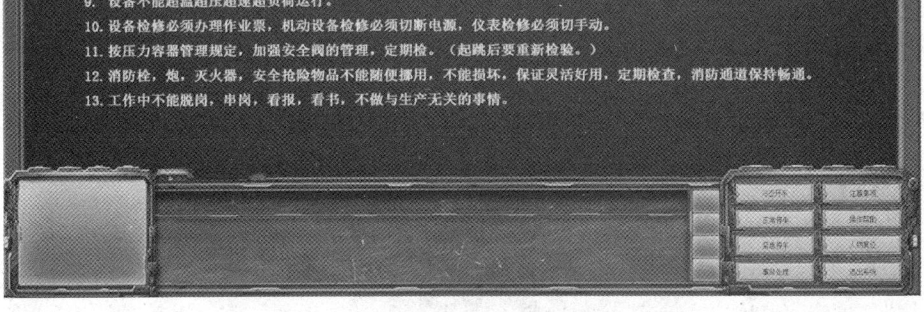

图 6-23　三维操作系统操作说明示意图

3. 操作帮助

操作帮助见图 6-24。

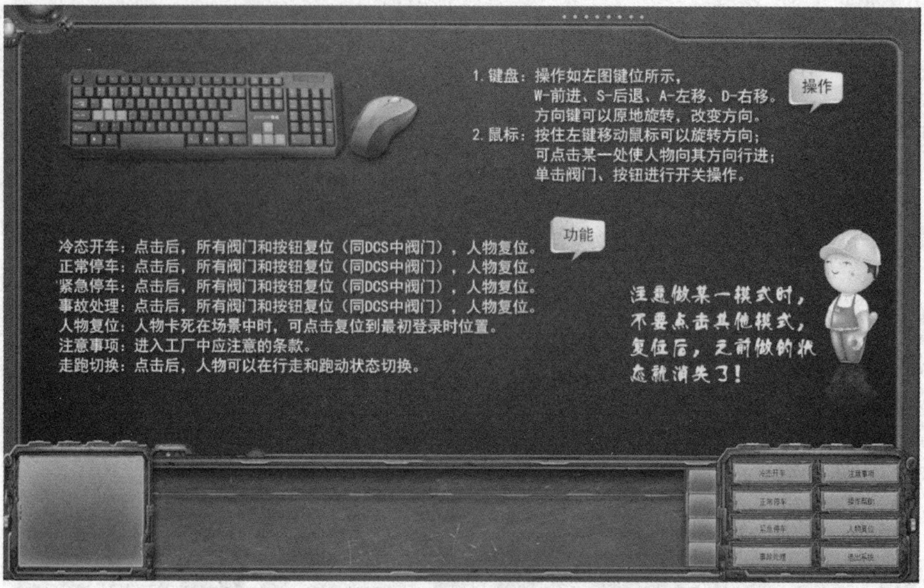

图 6-24　三维操作系统操作帮助示意图

4. 人物复位

在工厂中人物卡住，可点击复位到初始位置。

5. 退出系统

操作完成后点击可退出 VRS 仿真系统。

6. 装置地图

打开装置地图，可以查看操作人物所在工厂中的位置。地图可以放大或者缩小。再次点击图标可关闭地图。

7. 行进方式切换

人物的行进方式可以为行走和跑动，点击图标可以相互切换。如图 6-25 和图 6-26 所示。

图 6-25　三维操作系统操作示意图

图 6-26　三维操作系统操作示意图

8. 背景音乐开关

系统中自带背景音乐，通过点击图标可以进行打开和关闭操作。

9. 标牌显示

可以在阀门标牌显示与不显示切换，以增加难度和考验对工厂的熟悉程度，如图 6-27 和图 6-28 所示。

图 6-27　三维操作系统操作示意图

图 6-28　三维操作系统操作示意图

三、三维交互仿真系统交互功能介绍

（1）DCS 端通过“智能考评系统”（见图 6-29）查看操作步骤，确定进行哪步操作。

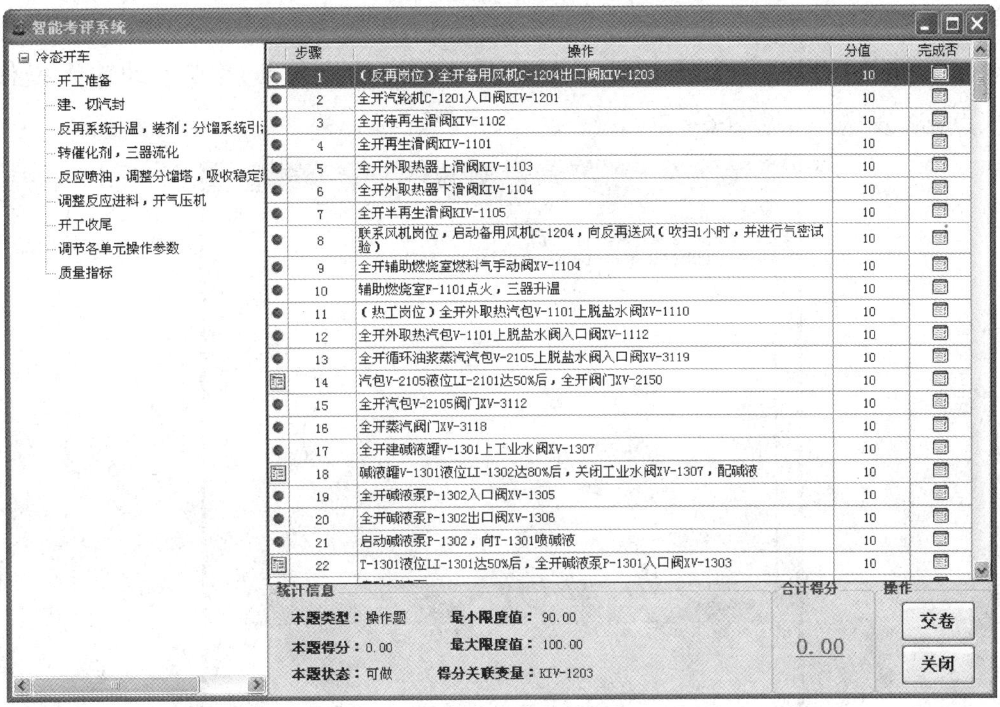

图 6-29　智能考评系统操作示意图

注：①在本图内浅色小圆点为绿色小圆点，为当前可操作步骤；深色小圆点为红色小圆点，为不可操作步骤，当绿色小圆点对应的步骤完成后(不可做步骤满足条件后)，该步变为可操作步骤；

② 如在小圆点位置出现如图 6-30 所示图标：

表明该步骤答题条件对数值有要求，需提前监控相应参数的 PV 值；

③ 如在小圆点位置出现如图 6-31 所示图标：

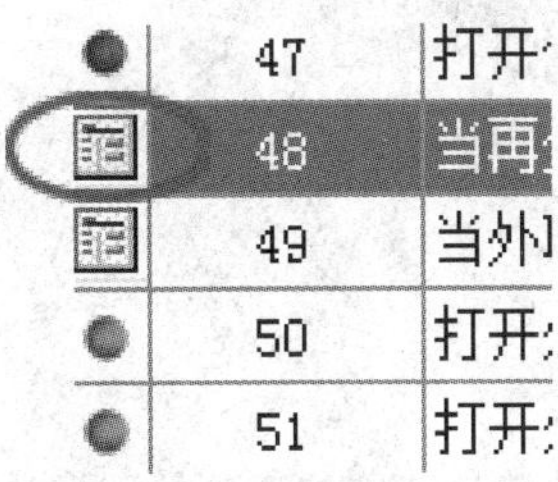

图 6-30　智能考评系统操作示意图

图 6-31　智能考评系统操作示意图

表明该步骤为确认、汇报或监测质量指标等内容，不需要操作任何控件；

④ 当完成当前步骤并正确，“完成否”列打勾，错误“完成否”列打叉；

⑤ 左侧树形列表为当前运行模式及工段；

⑥ 下方最小、最大限度值为当前操作步骤正确取值范围和题型得分状

态等。

（2）向外操发送信息通知外操：双击已选定的操作步骤或手动输入操作指令，点击“发送”，见图 6-32。

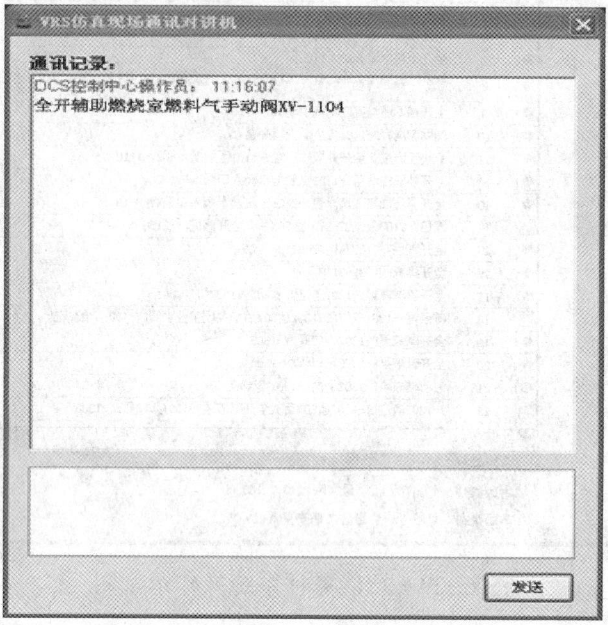

图 6-32　三维操作系统操作示意图

（3）外操接到通知并对相应阀门进行相应操作，见图 6-33。

图 6-33　三维操作系统操作示意图

（4）通知内操循序操作进行交互，见图 6-34。

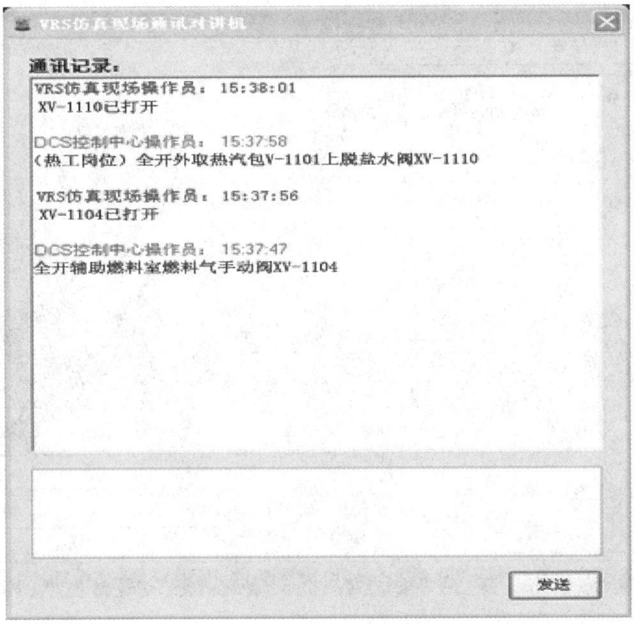

图 6-34　三维操作系统操作示意图

第三节　HSE（事故处理）平台操作

（1）打开 WinCC 服务器电脑中的<FS-CHLHT>软件，进入 HSE 教师站操作画面。再打开学生站中的<FS-CHLHS>软件，进入 HSE 学生站操作画面。如图 6-35 和图 6-36 所示。

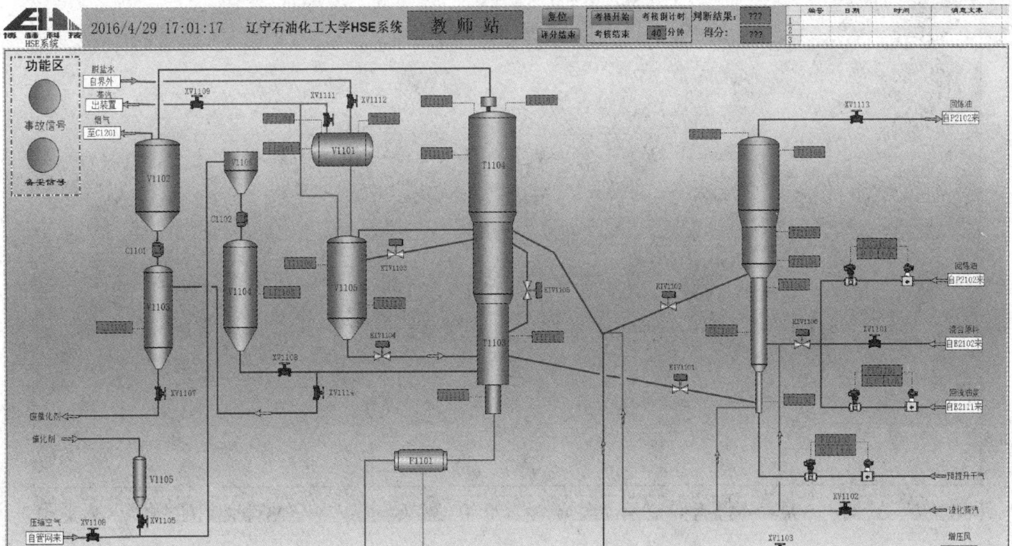

图 6-35　事故考核系统操作示意图

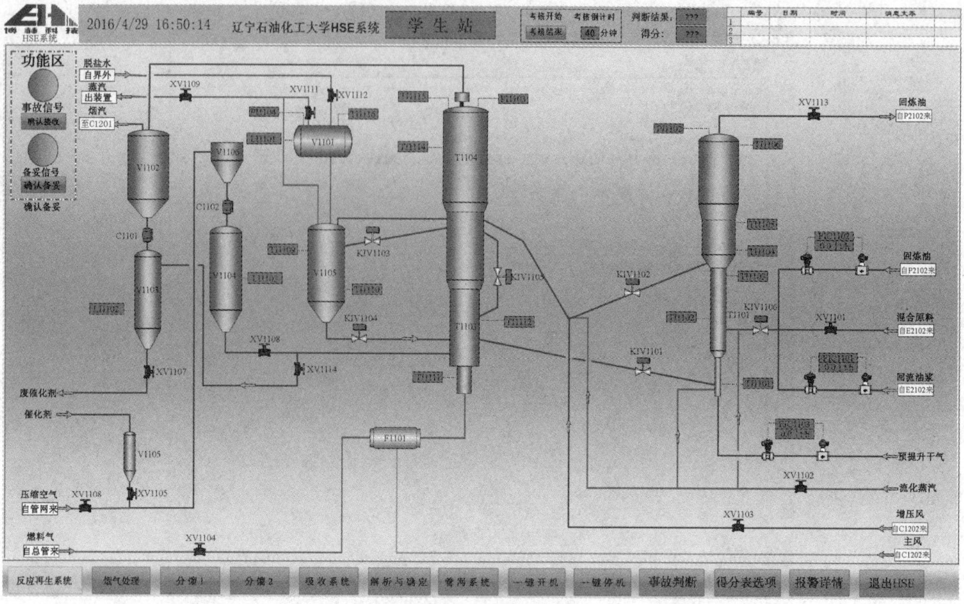

图 6-36　事故考核系统操作示意图

（2）等待数据连接，约 10min 后，进行 HSE 操作。

（3）教师站点击[复位]按钮，通知学生站考核学员进行 HSE 的状态初始化操作。HSE 的初始化状态操作完成后，点击[考核开始]。考核学员开始进行各项的准备工作，准备工作完成后，由学生站的内操点击[确认备妥]和[一键开机]，教师站备妥信号灯闪烁，进行故障选择并确认发送。如图 6-37 所示。

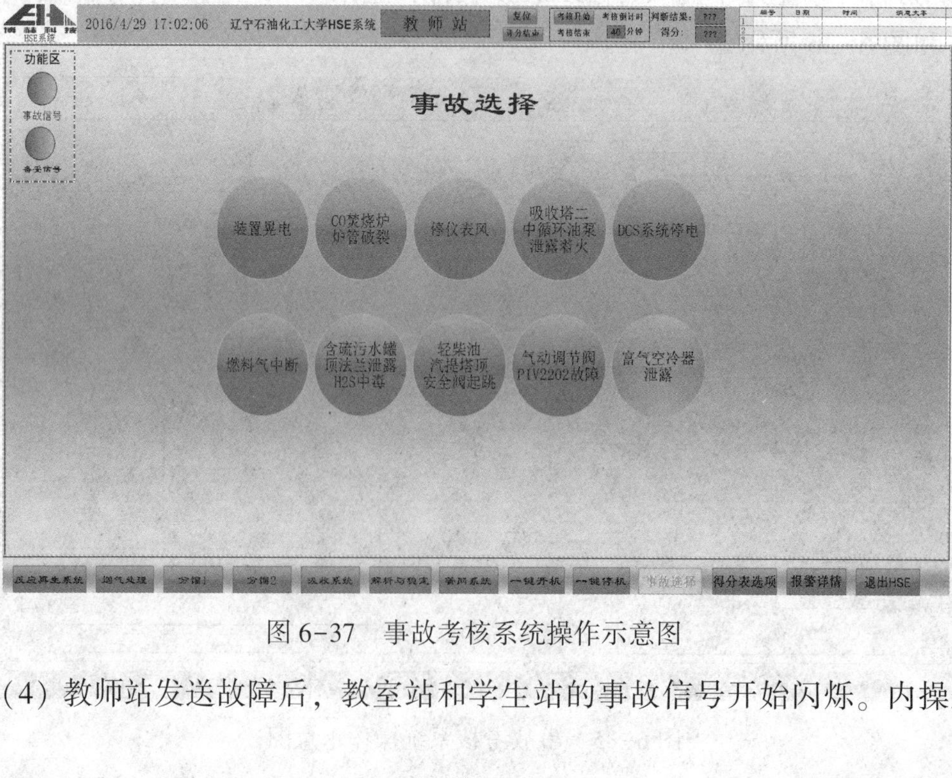

图 6-37　事故考核系统操作示意图

（4）教师站发送故障后，教室站和学生站的事故信号开始闪烁。内操进行事故接收和判断操作。内外操可根据 HSE 画面的信号和报警信息等进行准确判断，如判断错误，直接考核结束。如图 6-38 所示。

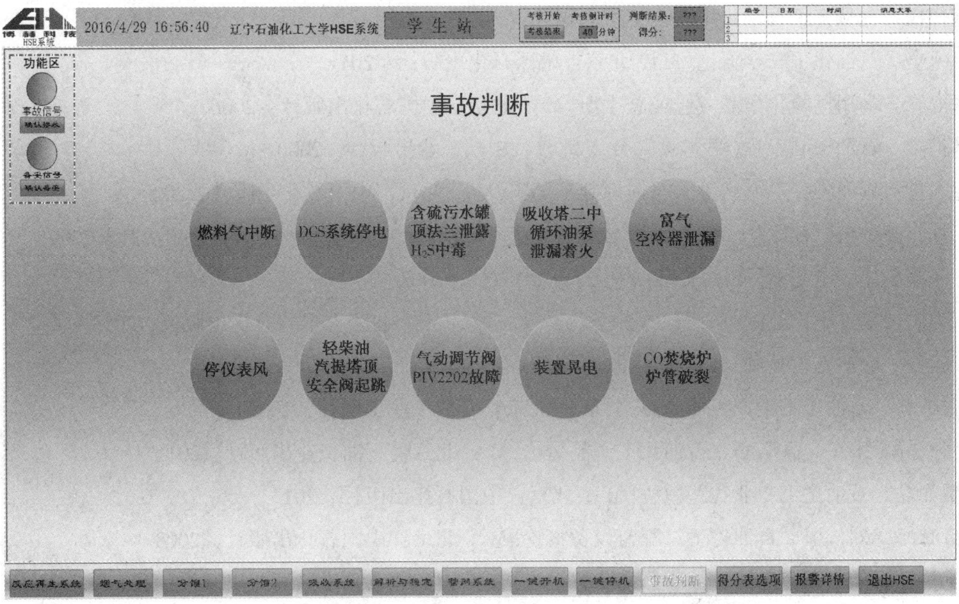

图 6-38　事故考核系统操作示意图

（5）若事故判断正确，依照现场事故处理原则和步骤进行现场操作。其中[得分表选项]中，可见操作步骤。进行到最后一项并正确得分后，按[考核结束]按钮。考核结束后，老师评判得分。

参 考 文 献

[1] 施代权，赵从修．石油化工安全生产知识[M]．北京：中国石化出版社，2001
[2] 王凯全．石油化工安全概论[M]．北京：中国石化出版社，2011
[3] 张海峰．常用危险化学品应急速查手册[M]．北京：中国石化出版社，2006
[4] 林世雄．石油炼制工程(第三版)[M]．北京：中国工业出版社，2000
[5] 沈本贤，程丽华，王海彦等．石油炼制工艺学[M]．北京：中国石化出版社，2009
[6] 王虹，高劲松，程丽华．化学工程与工艺专业实习指南[M]．北京：中国石化出版社，2009
[7] 韩冬冰．化工工艺学[M]．北京：中国石化出版社，2003
[8] 李为民，单玉华，邬国英．石油化工概论(第三版)[M]．北京：中国石化出版社，2013
[9] 张建芳．炼油工艺基础知识[M]．北京：中国石化出版社，1994
[10] 付梅莉．石油化工生产实习指导书[M]．北京：石油工业出版社，2009
[11] 张娇静．宋军．高彦华．石油化工产品概论[M]．北京：石油工业出版社，2011
[12] 贾如磊．石油化工专业实践教程[M]．北京：中国石化出版社，2016
[13] 金有海．刘仁桓．石油化工过程与设备概论[M]．北京：中国石化出版社，2008
[14] 王兵，胡佳．高会杰．常减压蒸馏装置操作指南[M]．北京：中国石化出版社，2006
[15] 陈俊武．催化裂化工艺与工程[M]．北京：中国石化出版社，2005
[16] 马伯文．催化裂化装置技术问答[M]．北京：中国石化出版社，2006
[17] 杨启明，马欣．炼油设备技术[M]．北京：中国石化出版社，2016
[18] 郭年祥．化工过程及设备[M]．北京：冶金工业出版社，2003
[19] 陆良福．炼油过程及设备[M]．北京：中国石化出版社，2002
[20] 夏清，陈常贵．化工原理[M]．天津：天津大学出版社，2005
[21] 于江林，董欣．炼油厂用离心泵[M]．北京：石油工业出版社，2015
[22] 钱广华，刘剑锋．换热器技术问答[M]．北京：中国石化出版社，2012
[23] 朱玉琴．管式加热炉[M]．北京：中国石化出版社，2016
[24] 中国石化集团上海工程有限公司，俞晓梅，袁孝竞．塔器[M]．北京：化学工业出版社，2010